牛肉料理
宝 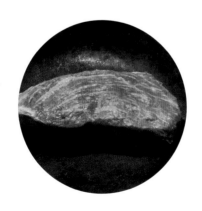 典

[日]和知彻 著

李阳 译

中国轻工业出版社

前　言

　　总有某个时刻，我们会思考"自己究竟想做出什么样的料理"。

　　20世纪80年代末期，我第一次做研修的法国餐厅中配备着当时最新的厨房工具，甚至还有可以用来干蒸、真空料理、加热餐盘的蒸汽烤箱，适用范围广，解决了大批量制作及人手不足的问题。

　　回国后，我工作的餐厅也很快就开始应用最新的技术成果，真空料理法在日本的法餐界风靡一时。当时大家都热衷使用相同且完美的烹饪手法来制作所有食材，但不知为何，我却渐渐疑惑起来。尽管这样做较为稳妥，但无论是家禽还是鱼肉都采取相同的手法，感觉十分奇怪，仿佛它们都是差不多的食材。

　　店内也提供为喜欢炭烤的客人准备的料理，除了牛肉，还有羊肉、鸭肉、鸡肉、鹌鹑肉、鳌虾、鹅肝等，均能烤制。食材表面的烧烤风味、内外两侧颜色与香气互相映衬，烹饪的手法变得复杂起来。仅使用炭火烧烤就能让人感觉到这么多变化，这令我对烧烤的世界如痴如醉。

　　本书以牛肉为主题，从烤牛肉、炖牛肉开始，到使用了牛肉片、牛肉馅的各式各样的料理，而加热源只有煤气、炭火或十分普通的烤炉。虽然料理不同，加热时间和温度标准也有差异，但厨师们必须明白：仅靠模仿是无法出色完成料理制作的。大多数法国厨师为了获取职业资格证书，只掌握了最基础的烹饪知识，有人从十多岁就开始下厨，有人就算从厨师学校毕业了，还没有做过沙拉酱，没有叠过多层馅饼的面团。不知他们是否还在不忘初心的情况下，使用着最新的工具，依靠科学导出的数值进行烹饪？

　　完美的东西并非就是美味，烹饪是有难度的。就算要费一些功夫，我也想制作出一盘令人赞叹的食物。每天从早到晚我都沉浸于料理世界，工作到白色的工作服都变得皱皱巴巴，再深深地进入梦乡。这样的日子能坚持下来，我想正是因为能够体会到烹饪本身的快乐。

　　那么，到底应该追求什么样的料理呢？我在世界各地品尝美味，偶尔还会在当地制作美食。不仅仅是记住味觉、知道烹饪方法，我还想要了解隐藏在日常烹饪背后的智慧与功夫。希望大家不要成为那种只能在自己的厨房做饭的人。希望我们不用依靠机器，在任何环境下都能做出美味的料理。

　　食物是有生命的，怀抱着这种想法去制作美食，会让我们成为有思想的厨师。这就是我一直想要传递给大家的。

和知彻

目 录

本书使用说明

- 本书中食谱的用量，可计算出个数及件数的，均准确标明。其他以易制作的量为参考。马蒂·格拉斯餐厅的料理大多是由多位客人一起享用，需要在材料表的基础上酌情增减。

- 食谱中的时间（平底锅或炭火的煎烤时间、烤炉或锅具的加热时间等）以及中火、小火等火候的控制，均会根据环境发生变化。需要酌情判断。

- 本书中标注的黄油，均为无盐黄油。

- 本书中标注的橄榄油，均采用特级初榨橄榄油。

- 本书中大多数料理使用的牛肉风味食用油（见P057），均可以替换为橄榄油或者其他植物油。

- 本书中标注的面粉，尤其是未写明低筋面粉或中筋面粉的情况下，均使用高筋面粉。

- 本书中大多数料理都使用了超浓缩牛骨高汤（见P056）。如果您备有牛肉基础高汤，需要在煮炖后使用。如使用鸡肉基础高汤等代替，也需要在煮炖后使用。

- 本书中使用的牛肉简称：

美产牛=美国产牛的肉。主要使用特选级的牛肉。

红牛=褐毛和牛的和牛肉。褐毛和牛分熊本系列和土佐系列，本书中使用的是熊本系列（熊本红牛）相同生产商的牛肉。

黑毛和牛=黑毛和牛的和牛肉。本书中如未特别标明产地和生产者，则使用的是各地的牛肉。

- 牛颊肉准确来说应归为"牛杂"类，但料理中它基本都和牛肉一样使用，本书将其当作肉类处理。

牛肉的基础知识

日本牛肉

我在马蒂·格拉斯餐厅接触到的日本牛肉就有8种左右，虽然不会经常使用，但是其中大多数都是我亲自前往产地挑选的。这些牛肉都是经值得信赖的人介绍，并由我亲自挑选出的，其中有一些牛肉并非轻易就能得到。

本书不是要探讨一些学术问题或与牛肉买卖相关的内容，我只想讲一讲自己做厨师30多年以来和牛肉打交道、烹饪牛肉所获取的经验，领悟到的对于各地牛肉的烹饪想法，并分享自己喜爱且常用的牛肉原料。

尾崎牛的尾根肉

可以领略到地域风情的黑毛和牛

从北海道到冲绳离岛，日本全国范围内都饲养黑毛和牛，其占据着日本牛肉消费量第一位。目前，由于生产者之间不断地学习和交流，饲料的标准近乎相同。但是在牛的育肥环境和方法、售卖前喂养的谷物饲料等方面，各个生产者均下足了功夫，所以各地出现了不同的牛肉品牌。

黑毛和牛的肉饱含油脂分布均匀、如同大理石般的霜降纹理，柔软度堪称世界第一，加热后会产生被称为"和牛香"的独特气味，甘醇浓厚，这种气味作为日本特有的牛肉香味而备受欢迎。但一些牛肉会在不同的料理方式下被过度加工。

我认为，日本东北地区的牛肉由于受到冬季寒冷天气的影响，外侧容易堆积脂肪，霜降纹理也更多，油脂黏度高且浓厚，如黄油一样。东北地区的牛肉很适合做酱汁牛肉。如果制作西餐，我会使用酸甜的酱汁搭配。

日本关西的牛肉口感良好、入口即化，肉质柔软且肥瘦均匀，这里不愧是拥有众多著名牛肉品牌的地区，饲养牛的水源也很优质。烹调时，无须长时间加工，只要稍微加热，牛肉便会很紧致，余味悠长。

我平时最常用的黑毛和牛肉来自九州。现在距初次使用宫崎县尾崎宗春家饲养的"尾崎牛"已经有数十年了。有时，我也会去拜访牧场，受邀参与小牛的拍卖等。我最喜欢的是牛臀肉、牛尾根肉、牛腿肉等脂肪含量少的部位，而这种牛的其他部位因为受到温暖气候的影响，霜降纹理较粗大、黏度低，脂肪含量也很少。除了饲料，水质也会大大影响牛肉的口感，这里的牛各方面饲养条件都

和尾崎宗春先生参加小牛竞拍

很均衡。这种肉不仅可以做牛排，还可以做成各种西式料理。

　　不论是拥有容易产生霜降纹理的遗传因子，还是受饲料的影响，我认为黑毛和牛的肉质与其运动量有很大关系。对比世界上各类牛的养育方法，一般来说黑毛和牛的运动量明显偏少。正因为如此，才形成了那大理石花纹般的美丽霜降纹理。除了土地和牛舍与国外相比较为狭小之外，生产者"想要产出什么样牛肉"的想法也直接体现在了牛肉肉质方面。也有像在冲绳离岛、石垣岛饲养的"石垣牛"那样，通过放牧养殖和适度运动，从而产出有着柔韧肉质、清爽口感的黑毛和牛。另外，最近我比较关注的是距离东京360千米的青之岛生产的黑毛和牛品牌"东京牛肉"。那里的牛在人口不足200人的野生小岛环境中放牧养殖，由于有一定的运动量，所以肉质紧实、霜降纹理适中，口感轻柔。

　　当然，我不只是给大家介绍拥有霜降纹理或质地柔软的牛，也有其他品种，如经产牛，它的肉质稍硬，但非常美味。我们不应该只局限于黑毛和牛，通过关注牛的饲养方法，一些我们想要使用的牛肉会自然而然地出现在眼前。

井先生的红牛，勾起人烤肉的欲望

　　如今，黑毛和牛（黑毛和种）的市场份额具有压倒性优势，但饲养数量较少，拥有褐色皮毛的和牛（褐毛和种）也很受欢迎，如"土佐红牛""熊本红牛"等。数年前我实地拜访后，就十分中意由熊本县阿苏地区的畜产家井信行先生培育的红牛。在阿苏地区自然环境中放养，以草食为主，也喂养大豆、麦糠、豆渣等的红牛肉质十分紧实。等级约相当于A2级，几乎没有霜降纹理，只是红肉。脂肪的醇香恰到好处，柔韧的肉质和味道令人称赞。最棒的是，水源的洁净反映在了牛肉上。肉筋较硬，咀嚼时发出咔哧咔哧的声响。牛胫肉也可以做成牛排。现在，它就是勾起我烹调欲望的牛肉之一。

和井信行先生在一起

短角牛，永不气馁的强大力量

　　作为同样拥有褐色皮毛的和牛，短角牛（日本短角种）绝不能被遗忘。本书中的料理并未使用它，但在马蒂·格拉斯餐厅最初开业时，就提供了由岩手县产的短角牛眼肉制成的佛罗伦萨牛排，作为招牌菜，它不可或缺。短角牛的最大特征，是在初夏至初秋的数月间，放养于山间高地；到了寒冷的季节，生产者会将牛拉下山，在牛舍饲养。也有生产者拥有足够大的场地，在这期间依然放养的情况。短角牛原本是耕作用的牛，因而拥有强壮的身体。红肉有韧性且美味，脂肪醇香、比例均衡，适合用来做西式料理，如牛排、炖煮、加工食品等。这是我十分喜欢的牛肉品种。

山上放养的短角牛

各国牛肉

在欧洲各国、美国、南美等国、澳大利亚及中亚地区等远离日本的地方，我也观察过牛、品尝过牛肉、实际制作过牛肉料理。我想简短地说一说在那里的感受。

纽约的牛肉制品

在阿根廷广袤的南美大草原上放牧

阿根廷牛

阿根廷烧烤

世界范围内广受欢迎的安格斯牛

安格斯牛是在北美洲、南美洲、大洋洲等世界各地大范围养殖的、具有代表性的肉牛，起源于苏格兰的亚伯丁安格斯牛种。尽管我们统一叫它安格斯牛，但由于培育环境和喂养饲料的不同，产出的牛肉肉质也大相径庭。

我在美国、阿根廷、澳大利亚等地实际参观了畜牧现场，基本上都是在广阔的土地上放牧。美国牛是在小牛未满周岁时喂食牧草，之后喂养以玉米为主、营养价值很高的谷物饲料（高浓度饲料），使牛肉筋肉紧致的同时保留些许霜降纹理和脂肪，肉质柔软且肥瘦均衡。日本餐厅使用的主要是极佳级和特选级这两种排名靠前的牛肉。如同浓缩了美味的基础清汤，这种牛肉能让人感受到精华部分的口感，适合用来做牛排。它也适合进行熟成处理，在纽约的人气牛排馆，每家店都配备有熟成库房，客人能够品尝到烤得恰到好处的牛肉。

在阿根廷，人们会食用2岁左右、肉质新鲜且柔软的小牛。他们不喜欢熟成处理，认为新鲜度高的肉会更好吃。牛放牧于广袤无垠的草原地带，主要食用牧草，也有生产者为了肉的品相更好，喂食些许饲料。只有在阿根廷这种以牛肉为主食的国家，人们才能每天都毫不厌烦地吃下牛排、烤牛肉等，尽管牛肉脂肪少、肉质较软。而那朴素的味道只有在阿根廷牛肉上才会出现。将鲜嫩多汁的牛肉用大火仔细烘烤，脱干水分，诱发出牛肉本来的浓厚香味。迅速烧烤至半熟，或充分烤熟的牛肉，都令我垂涎欲滴。

同样位于南半球，澳大利亚牛肉和阿根廷牛肉一样具有干爽的口感。不过，在经过独立研究和添加了烧烤技巧后，澳大利亚

充分烘烤后的阿萨多烤牛肉

法国利穆赞小牛

牛肉展示出了它独特的个性。澳大利亚的牛也是放牧饲养，用牧草养育，并未喂食谷物饲料，是完全的牧草养殖。针对当地易消化、营养价值非常高的牧草的研究正在进行。当地数一数二的生产者表示，牛仅喂食牧草就能够产出霜降纹理。另外，在塔斯马尼亚，除了安格斯牛以外，也培育着拥有日本黑毛和牛基因的和牛。不过这里是以牧草为主食，也掺入了一部分谷物饲料。这里的和牛与红肉部分和霜降纹理互相融合的黑毛和牛肉质不同，瘦肉的味道在入口时一下子占满口腔，接着霜降纹理的醇香后来居上。

中亚地区与欧洲的牛，仔细品尝红肉部分

雨果·德斯诺耶先生展示熟成库房

意大利亚托斯卡纳的契安尼娜牛

烤制佛罗伦萨牛排

在乌兹别克斯坦和吉尔吉斯斯坦等中亚国家，人们通常食用羊肉，不过这里也养牛，大多是奶牛。用牧草和优质水源培育出来的牛，娇小的身躯肉质紧实、脂肪分层鲜明，肉呈现出血红色。虽然质地有些硬，但如果做成炖煮料理，味道朴实却回味无穷。

我认为，欧洲的牛肉也有着一下子将红肉咬进嘴里的那种满足感。如果提到法国料理，就不得不提到法国最古老的牛——夏洛来牛和利穆赞牛。因为交配繁多，欧洲各地牛的品种也逐渐复杂化，所以没办法全部罗列出来。但依据我拜访产地并品尝牛肉得来的经验，总的来说这里的牛肉没有霜降纹理，肌肉结实。正因为如此，通过熟成处理，使肉变柔软，增添美味后食用的方法最为合适。

熟成处理后变得柔软、水分流失的肉如果过度加热，它会再次变硬，因此烹饪时一般是在数秒内迅速加热肉的表面（可稍烤制牛肉内部）。

意大利中部自古以来培育的契安尼娜牛，在幼牛时就被食用，人们享受其鲜嫩和柔软的口感。著名的佛罗伦萨大牛排是以传统方式进行烧烤，烤前并不加盐。对此我咨询了生产者，似乎是考虑到加盐会使肉脱水，味道也会变得不正宗。"正因为是新鲜多汁的肉，稍加脱水后会不会味道更加浓郁"，我抱着这样的想法，使用了自家的烤炉，用预先撒盐的肉烤制并品尝了佛罗伦萨牛排。但结果让我十分惊讶，果真如此，这是令人开心的体验。只是传统就是传统，未来也不会发生变化。就这样培育牛、做成料理、享用美味，在今后继续传承下去吧。

关于熟成的思考

我有幸有几次机会在巴黎等欧洲的餐厅里吃到美味的熟成肉，并在当地烹制牛肉。

通过去除熟成牛肉的脂肪，让紧致的红肉变得柔软并提升肉的风味，这就是法国牛肉的食用方法。为了更好地品尝这样的红肉，人们甚至从中世纪就开始使用高汤及含酒的酱汁烹饪，料理方式逐步得到发展。

在纽约，熟成肉的处理可谓出类拔萃。高人气的餐厅内都有将牛排温度和湿度分阶段管理的熟成肉库，就连超市里也在售卖熟成肉。

与之相比，在更加注重食材和料理新鲜感的美国西海岸，人们对熟成处理并没有太多热情。与二者都不同的是美国南部，没有被熟成处理的牛肉经过充分熏制，形成自己的风味。

同样在美国，地域不同，牛肉的食用方法也在发生变化。不管是通过熟成更好地诱发出肉的香甜，还是享受肉的新鲜，甚至是让浓重口味与肉的味道互相对抗，各种食用方法都非常棒，人们没有"必须熟成"这种想法。

在马蒂·格拉斯餐厅内，一般不使用经过干式熟成方法处理的牛肉。前菜和主菜菜单里，半数以上都是肉食料理。牛肉、猪肉、鸡肉、羊肉，我们对来自各个地方、各种生产者的肉类进行烹饪，发挥肉的特色风味，让它们呈现于合适的器皿中，因而这里并非特别需要熟成肉。因此，本书中也并未使用它。

与安格斯牛和欧洲牛相同，在和牛之中也有经过熟成处理的肉。那些拥有丰富知识和经验的专业厨师，将各具特色的牛肉加以熟成处理，但是，并非所有人都能欣赏这样的肉。尤其是黑毛和牛这种霜降纹理很多的牛肉，长时间熟成处理会使肉的香味被掩盖，让人感觉不到其难得的和牛香味。

在烹调时，观察肉的状态后考虑如何烧烤，和思考怎样烤制熟成后脱水的肉一样，是自然而然的，只不过接触的是完全不同的肉而已。

品尝牛肉时，我关注的要点之一就是水分。日本是水之大国，我认为用怎样的水培育牛，其重要性与喂养的饲料同样重要，这在确认烧烤后牛肉味道及状态时是非常关键的一点。不过如果是熟成后的肉，那就没法自己判断了。我希望从眼前的牛肉上判断、想象其饲养环境，并始终通过调节盐和温度来控制水分。这样的过程正是我无比热爱的工作，也是我作为厨师的骄傲。

纽约的精肉店

牛肉的部位

对牛肉各个部位进行细分,每个部位都有不同的口感和风味。这里讲解本书使用的牛肉中最主要的部位。

菲力

牛肉当中最柔软、可以享受到优质口感的部分。因为这里被经常活动的筋肉包裹,运动量最少,所以才如此柔嫩。纤维组织一加热就会软化,容易松散,因此烹饪时需要更认真谨慎。尽管是黑毛和牛的肉,但脂肪不油腻,口感清爽,因而也可以搭配酱汁,赋予牛肉更多样的风味,也十分适合做牛排饭。此外,在欧洲很有人气的小牛菲力,据说更能充分品味到原本的肉质,更像是在享受牛奶的香甜。香煎小牛肉火腿片和米兰风味炸嫩牛肉排中的牛肉,稍加敲打并辅以充足的黄油,便会散发出浓郁的香气,十分适合做高端奢华的料理。

美产牛菲力

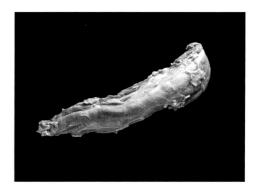

法国产小牛菲力

西冷

西冷纤维组织紧密、肉质紧实、口感适中、味道均衡。和菲力一样是易于烹煮的部位,做成厚切牛排或烤牛肉,便能享受到丰盈的汁水。肉侧边有少许筋,只要清理干净即可。

美产牛西冷

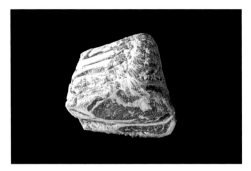

短角牛眼肉

眼肉

眼肉位于西冷和肩胛肉中间，以筋为界分为内外两部分。相比于西冷，眼肉的筋更多，但内侧肉十分柔软，外侧肉加热后稍有嚼劲，口感丰富多变。薄切时整个肉块容易松散，味道独具魅力，十分适合制作更有嚼劲的牛排或烤牛肉。眼肉牛排体积较大，能够供多人共同享用。在马蒂·格拉斯餐厅，由短角牛烤制而成、人气很高的佛罗伦萨牛排就是出自这个部位。

美产黑安格斯牛肩胛肉

肩胛肉

肩胛肉连接眼肉，从背部中间到肩膀的大体积、常活动的部位，筋较硬。它比眼肉能分出更多层块，纤维方向也更错综复杂。黑毛和牛的肩胛肉肉质柔软，可以做成烤牛肉；红牛或美国产牛肉则可以分成块，做成煎烤牛排享用。这部分牛肉有嚼劲，味道香浓，混合大腿肉做成汉堡包也十分美味。搭配香辛料做成烟熏牛肉，成品会有浓厚的醇香。

尾崎牛尾根肉

尾根肉

尾根肉位于牛臀肉后方。尾根肉虽然是运动量较多的部位，却没有筋，肉质极其细腻且紧实，可以和西冷一样烹调。味道香浓，口感好。如果只能选一个部位来制作牛排，我会选择尾根肉。

美产牛胸肉

牛胸肉

牛胸肉位于牛前腿根附近，也被称为"肩肋肉"。脂肪和肉的分层清晰可见，有筋且硬，非常美味。事先给肉块调好味，花费些时间低温烤制，这在美国南部的烧烤中必不可少。当然也可以将其充分炖煮软烂，也很好吃。牛胸肉不仅适合做西式料理，也适合日式炖煮。

牛肉的基本烹饪方法及基础料理

烤牛肉

要怎样烤牛肉？对于厨师来说，每个人都有自己不同的方法。本书对使用平底锅、炭火和燃气烤箱这3种最基本热源的火候进行了说明。马蒂·格拉斯餐厅烤肉时的热源就是这3种。烤肉时，我最关注的要点之一是"颜色"，这不单是指由于美拉德反应而产生的烧烤色，它还包括火焰的颜色、渐渐变化的牛肉颜色、脂肪和肉汁爆开时的颜色、煎烤完成后牛肉散发的蒸汽色调。而这些是在仅仅只设定温度，用均匀火焰加热的情况下所感觉不到的。在这样由各种各样的色彩交织成的世界里，我才更有制作料理的冲动。

平底锅煎烤牛肉

用平底锅自始至终加热的好处非常多，最大的优点是能使渗出的脂肪、香气与牛肉本身融合，同时还能让人直接品尝到牛肉本来的味道。厨师可以自己设计烤制的方式，如制作西冷牛排时，如何通过烘烤脂肪、水分控制、切割的手法来确定脂肪和肉的比例；如何通过火候、声音和香气等因素，调动人体五官感知力来完成牛肉从表面到内部逐步的加热。在书中，我虽然也记录了烤牛肉所需的时间，但毋庸置疑，具体情况会根据所使用牛肉的状态发生变化，因此希望大家始终只把它当作大致的标准来参考。尽管乍一看有些困难，但再也没有比一边亲眼确认肉的状态及变化情况，一边烤牛肉更容易理解的事情了。正因如此，我希望初学烤肉的你，首先能够熟练使用平底锅来烤牛肉。

薄切牛排

美产牛西冷　厚度2厘米

餐厅提供的牛排，即使是薄切，最好也有2厘米的厚度。美产牛西冷的肉纤维很细，紧实又饱满的肉质会产生咀嚼精瘦肉的感觉，柔软度适中，令人尽享紧致却汁水丰盈的口感。肉需要恢复至室温后再烹制，但由于薄切肉很快就能降温，所以需要将肉放置在厨房阴凉处。撒完盐和胡椒粉后，观察肉的切面并确认盐是否已浸透，肉是否变得紧实，纤维和细筋出现些许立体感。较薄的肉加热时容易出现卷翘，用小火耐心地加热每一面就不会出现这个问题了。出锅时迅速裹上黄油，使得脂肪、肉和黄油的香气交错在一起。关注声音及香气，感受热量的变化，薄切牛排带来一种不仅是烤制出来的微妙感觉。

材料

西冷（美产）…1块（330克）
盐…2.9克（牛肉重量的0.9%）
胡椒粉…适量

黄油…10克
橄榄油…1大勺

1 牛排恢复至室温，两面都涂满盐。盐的准确用量已计算好，盘子上的盐也要充分利用。

2 牛排两面撒上胡椒粉。脂肪加热后温度会升高，因而主要煎烤瘦肉部分。胡椒粉作为调味料不仅有刺激味觉的作用，更是为了提升肉的浓厚醇香。因为未用大火煎烤，所以不用担心烤煳。

3 静置几分钟后肉变得紧实，切面凹凸不平且出现纤维块。这时肉产生立体感，更容易判断煎烤后如何切割才便于食用。

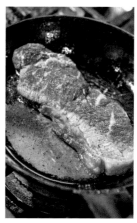

4 平底锅中倒入橄榄油，开火。闻到油香后用夹子夹住牛排，脂肪部分朝下放入锅中。由于牛排无法自己直立，所以需要用夹子夹住，小火加热。最初不要煎烤没有肥肉的边缘部位，可以夹弯后立住。

5 脂肪定形后展开牛排，切面朝下放在锅中。此时用时3分钟左右。

6 调中火，升高平底锅的温度，将牛排煎烤2分钟左右，上色。

7 暂时将牛排取出，倒掉平底锅内剩余的油脂。

8 再次中火加热平底锅。由于锅体温度足够高，马上就会冒烟，此时加入黄油。

9 立即将牛排未煎制的那一面朝下，重新放入锅中。

   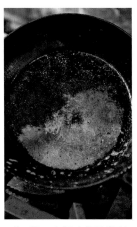

10 继续煎烤1分钟左右。

11 最后完成时将化开的黄油浇淋在肉上，裹满牛排。

12 取出牛排，用铁扦确认熟度。此后不要再加热，在温暖处静置6分钟左右。

13 由于在短时间内迅速煎烤完成，平底锅内完全没有留下焦煳渍。

成品

虽然带有红色，但并非生肉，温热的肉汁全都紧锁在牛排里。

厚切牛排1

美产牛西冷　厚度5厘米

牛排的尺寸正好能让客人充分享受到牛排的妙趣所在。美产牛肉是真正的西冷之王，它那脂肪的质感以及肉的口感和风味，无不体现出大多数人心目中牛排的形象。尽管肉质较厚，似乎不易煎烤，慢慢地制作就能保证不焦煳。因此，在繁忙的厨房中，你还能同时兼顾其他工作。厚5厘米左右的牛排直接放在锅里自己就能成形。煎烤切面时，由于牛排自身的重量，它会紧贴平底锅，因而能煎烤出没有斑块的漂亮成色。需要注意的是，随着温度升高，肉的纤维会松弛下来，并向中心部位传输热量，但是美产牛肉筋较细且密集，因而需要花费时间小火煎烤，小心控制好火候。

材料

西冷（美产）…1块（690克）
盐…6.9克（牛肉重量的1%）
胡椒粉…适量

黄油…15克
橄榄油…2大勺

1 牛排恢复至室温，涂满盐，散落在盘中的盐也要充分利用。

2 由于牛排有一定厚度，除了切面，侧面也不要忘记抹盐。

3 撒胡椒粉。脂肪加热后温度升高，容易焦煳，注意不要撒在脂肪部分。

4 静置30分钟左右，让盐分渗入肉中，短时间内肉就会变得紧实，纤维走向清晰可见。

5 平底锅内倒入橄榄油，中火加热出香气后将脂肪部分朝下放入锅中。平底锅再次升温、微微冒烟时立即调小火。

6 先慢慢煎烤脂肪部分，注意不要让没有脂肪的边缘部位直接接触平底锅。可以用餐叉等工具垫在底部，让牛排与锅底垂直。

7 与平底锅接触的部位在小火加热时冒出汁水，保持这一状态持续加热。油脂与肉、胡椒粉的香味会慢慢散发出来。

8 煎烤5分钟左右，当肉的切面1/3的颜色发白时，将牛排放倒，此时平底锅的温度降低，稍调大火力，待温度上升后再调小火，保持汁水不会迅速蒸发，煎烤5分钟左右。

9 另一切面也像步骤8的方法一样继续煎烤。

10 将牛排侧面朝下立起来煎，如果难以成形，可以垫餐叉保持平衡。

11 再仔细煎制牛排侧面5分钟左右，将牛排放倒，切面朝下。

12 放入黄油。保持小火，用手指试着按压牛排，仍旧是松软的触感。

13 用铁扦扎一下确认熟度，此时，尽管牛排内部还是30℃左右，但汁水已经开始四处扩散。

14 将沸腾的黄油淋在牛排上，继续煎5分钟左右。这时牛排膨胀，纤维也很清晰地浮现出来。

15 用铁扦确认，肉的温度稍微上升。这是八分熟左右，出锅。

16 在温暖的地方静置20分钟。上菜前放入烤炉重新加热表面即可。

17 煎牛排的油并未焦煳。倒入酒后炖煮，能用来制作调味肉汁。

成品

呈现出柔和的色调变化，可以看出牛排整体饱含汁水。

红牛西冷　厚度5厘米

含有适度霜降纹理，肉质柔软。由于经常运动，筋肉弹性十足。从纤维的聚集情况等各方面看，红牛的肉质介于美产牛和黑毛和牛之间，其煎烤方法与美产牛西冷几乎相同，但因为油脂较多，要减少橄榄油的用量。它的纤维密度也比美产牛更小，热量容易通过缝隙传导，所以，加热的火候要比起美产牛西冷稍大一些，煎烤时间也更短。

材料

西冷（红牛）…1块（700克）
盐…7克（牛肉重量的1%）
胡椒粉…适量

黄油…15克
橄榄油…1大勺

1 牛排恢复至室温，涂满盐，在脂肪以外的部分撒上胡椒粉，静置30分钟左右。

2 平底锅内倒入橄榄油，加热出香气后将牛排脂肪部分朝下放入锅中。虽然不如黑毛和牛，但红牛也有霜降纹理，因此要减少橄榄油用量，仔细煎烤脂肪部分。保持中小火。

3 脂肪部分煎烤5分钟左右，将牛排放倒，煎3分钟，再将另一侧面朝下，煎3分钟左右。

4 将最后一面朝下，加入黄油，继续煎3分钟左右，不停淋黄油。红牛肉不如美产牛肉纤维多，因而热量容易从缝隙间传导。

5 取出后在温暖处静置，静置时间与煎烤时间几乎相同。

黑毛和牛西冷　厚度5厘米

霜降纹理饱满，肉质柔软、入口即化，拥有与其他两个品种所不同的独特风味、口感与香味。刚开始煎制时无须添加橄榄油，油脂会全部渗出。其纤维也是3个品种当中最为疏松的，烹饪过程中纤维会松散并四分五裂。这就需要始终保持中火，并使用少量黄油浇淋以激发和牛的香味，在数分钟内迅速完成制作。

材料

西冷（黑毛和牛）…1块（690克）
盐…7.5克（牛肉重量的1.1%）

胡椒粉…适量
黄油…10克

黑毛和牛

红牛

1 牛排恢复至室温，涂满盐，避开脂肪部分撒胡椒粉，静置30分钟左右。肉的脂肪软化后可以看出黑毛和牛肉比红牛肉的纤维更疏松。

2 平底锅用中火充分加热（由于有牛肉脂肪，可以不添加橄榄油）后，将脂肪部分朝下立于锅中，煎3分钟左右，肉中会渗出大量油脂。

3 将牛排放倒后煎2分钟，再将另一侧面朝下，煎1分钟左右。

4 将最后一面朝下放倒，加入黄油。调大火煎2分钟左右，不停浇淋黄油。加热后纤维会分散，因此需要在短时间内完成。

5 取出牛排放在温暖处，静置时间与煎烤时间几乎相同。

饱含汁水的美产西冷牛排，搭配散发着清新香草味的托斯卡纳炸薯条，生动地呈现出法式餐厅的基本款料理——牛排配薯条。

厚切西冷牛排成品对比

美产牛

煎烤出的成品直接展现出牛肉的风味，散发着法式清汤的香气。它有着经过谷物饲养后得来的微妙甘甜味，嚼起来脆脆的，还能品尝到恰到好处的汁水美味。如果搭配酱汁，适合用能够激发牛肉风味的简单调味肉汁。配菜可以是奶油菠菜、烤土豆等，全部都是美式风格。

红牛

细细咀嚼时，先是牛肉的香味弥漫口腔，接着甘甜及浓郁的油脂香味后来居上，就如同感受到了养育牛的水源，那丰富而有弹性的鲜活肉质充满魅力。我建议抛开酱汁，品尝牛肉的本味。这种肉质十分适合与蔬菜搭配，可以和沙拉、烤蔬菜、撒香草的炸薯条一起食用。

黑毛和牛

肉质不仅柔软，还非常有韧性，香气余韵悠长。不搭配酱汁也很美味，但为了释放其隐藏风味，搭配添加酱油的食物或芥末等含有药味的食物，便可以激活肉香味。适合简单地搭配水芹或烤土豆等，口感更清爽。

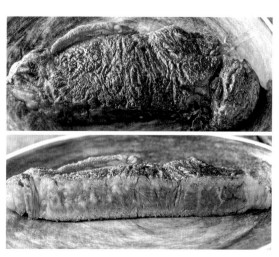

厚切牛排2

美产牛菲力　厚度5厘米

在牛排当中，菲力是与西冷平分人气的部位。这里几乎没有脂肪，肉质柔软且精细。只不过菲力的纤维比西冷更容易松散，一经加热，从切面部分开始很容易就四分五裂。它并没有筋联结，也没有薄膜包裹，形态很容易被破坏。为了避免此类情况出现，除了用绳结捆扎、用火腿卷住的煎烤方法，只要谨慎处理，也能避免形状破坏，就算是使用平底锅，也可以完美地烹饪。即便是运动量较多的美产牛，它的菲力部分也十分柔软，纤维容易松散。这里为大家介绍所有品种都通用的菲力牛排的烹饪方法。

材料

菲力（美产牛）…1块（280克）
盐…2.8克（牛肉重量的1%）
白胡椒粉…适量
黄油…20克

1 牛排恢复至室温，涂满盐。充分利用落在盘子上的盐，侧面也要涂满。

2 两面撒上白胡椒粉，腌制片刻。使用白胡椒粉可以增强牛肉的柔软度。

3 平底锅中加入黄油，中火加热，将切面朝下放入锅中。平底锅的温度会有所下降，继续煎2分钟左右，直至温度再次上升。

4 温度升高后转小火，继续煎1分钟左右，黄油变焦化。

5 立起牛排，按顺序煎各个侧面。根据牛排的形状，这次使用的牛排只有3面，因此以每面煎1分钟为标准，一边换方向一边煎烤。此时平底锅的温度已不易下降，保持小火，注意不要让黄油变煳。这时纤维已经松软，开始变得分散。虽然很想让牛排快速散发出香气，但大火会使肉汁大量流失，因此还是尽可能小火煎烤，这一点十分重要。

6 侧面全部煎好后，将牛排最后一面朝下放置。

7 用铁扦确认煎烤情况，肉仍然处于较为湿润的状态。

8 小火加热，淋黄油。如果黄油并未沸腾，则需要稍加大火力，但不要烧煳。一边保持肉汁充足，一边浇淋黄油，煎3分钟左右。

9 取出牛排，放置在温暖处，静置时间与煎烤时间几乎相同。

红牛菲力　厚度5厘米

同西冷一样，红牛菲力肉质介于美产牛和黑毛和牛之间。含有些许霜降纹理，需要在预防牛肉松散的同时用小火慢慢烤香。

材料

菲力（红牛）…1块（310克）
盐…3克（牛肉重量的1%）
白胡椒粉…适量
黄油…20克

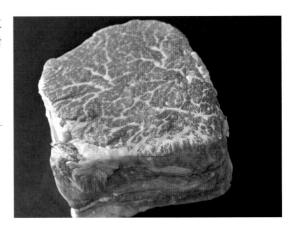

烹饪方法和顺序和美产牛菲力一样。牛肉含有少许霜降纹理，纤维相对来说容易松散，因此最开始烤制切面时，需要在牛排放入锅里、平底锅再次升温阶段，短暂使用中火加热1分钟左右。此后，再用小火长时间加热。

黑毛和牛菲力　厚度5厘米

虽说是菲力，但肉质饱含霜降纹理，脂肪化开后牛排便容易整片分散开来。肉导热较容易，可以快速煎烤完成。

材料

菲力（黑毛和牛）…1块（300克）
盐…3.3克（牛肉重量的1.1%）
白胡椒粉…适量
黄油…10克

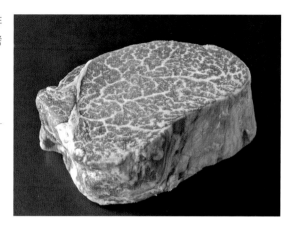

烹饪方法和顺序和美产牛菲力一样。这种牛肉是3个品种中纤维最容易松散的，导热速度也很迅速，因此在最开始烤制切面时，需要中火和小火结合，迅速加热2.5分钟左右。

与西冷牛排口感不同，口味清淡的美产菲力牛排可搭配苹果松饼食用。可以和红葡萄酒酱汁（P067）等香气浓厚的酱料搭配。

厚切菲力牛排成品对比

美产牛

红牛

黑毛和牛

口味清淡，甚至会引发这样的思考："仅是因为没有脂肪，所以才和西冷不同？"肉质柔软，但明显能感觉到牛肉纤维。与波特酒、马德拉酒等以及传统法式料理中香气浓厚的酱汁搭配十分合适。奶汁焗土豆等令人有饱腹感的食物适合作为配菜。

虽然很柔软，但肉质紧实度适中。口感和西冷一样，细嚼后汁水美味、香气四溢。比起气味浓厚的酱汁，搭配使用了蔬菜和香草的阿根廷辣酱或萨尔萨酱等清爽酱料更合适。

尽管拥有霜降纹理，牛肉柔软得像快要散开一样，但却令人感觉不到油腻。想要充分体现出和牛的香味，搭配几乎没有使用牛肉高汤、味道较淡的红葡萄酒酱汁比较合适。与铁板烧店制作的蒜香米饭搭配，效果出乎意料。

牛肉的处理

美产牛西冷

以美产西冷（美国称为"纽约客"）牛肉块为例，介绍一下牛肉的处理工序。

1 美产特选级牛西冷。安格斯牛的饲料营养价值很高，因而牛肉附有厚厚的脂肪，只不过它并不像黑毛和牛那样含有霜降纹理。

2 在切面可以看到肉与脂肪交界的中央位置，有筋的分界线。

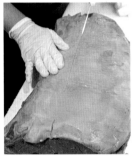  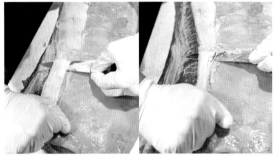

3 顺着筋的分界线，在脂肪部分用刀子直直地切一道线。

4 将含量较少的肋骨侧脂肪用刀一点点剥下来。其他牛肉也一样，只是红牛和黑毛和牛的油脂化开温度要更低，因此需尽早处理。

5 慢慢地切掉较厚硬的筋。

 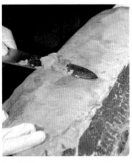 

6 充分清理掉明显的筋，注意不要切除牛肉。

7 另一侧脂肪部分只需削掉较厚的表面，稍加处理即可。

8 切成需要的厚度。

红牛菲力

以熊本产红牛菲力为例，介绍处理的工序。

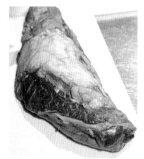
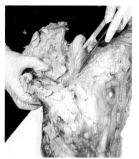

1 带有脂肪和背帽肉（牛背中间部位的肉，薄、口感嫩）的牛肉。根据产地及生产者不同，一些脂肪、背帽肉明显少的牛肉，是已被去除后运送来的。

2 首先切掉牛肉表面厚厚的脂肪，也可以用手剥除。脂肪可以一定程度上防止牛肉酸化，将其全部清理掉，牛肉就不易保存。如果使用量较少，最好不要一次性清理过多。

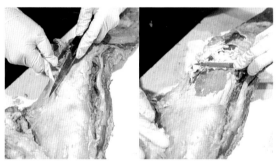
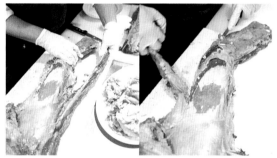

3 切除明显的筋，尽量只保留表面薄薄的脂肪膜。仔细用刀清理需要的部分。

4 用手剥除附着在牛肉两侧的背帽肉。顶端肥厚部分也有背帽肉，这部分背帽肉柔软、美味，可以在料理中使用。

5 切成需要的厚度。牛肉正中间最柔软的部位可以做法式牛排。

炭火烤牛肉

我认为最适合作为烤肉加热源的是暖炉的炉火。一听说有用暖炉烤肉的店家，我甚至会从巴黎跑到波尔多，由撒丁岛赶往马德拉岛，甚至旧金山。曾经有一段时间，马蒂·格拉斯餐厅也使用了和暖炉相同的柴火和炭火。只不过考虑到我设计的烧烤方法，使用炭火也是可以的，如今才集中使用炭火。用炭火烤肉，正因为炙烤完的肉带有如同熏香般的香气，所以很容易引人注意。不过，要让烤出来的成品像烤鸡肉串那样表皮酥脆、内部松软，就需要烧烤时对温度特别加以掌控。燃气火的平均温度约是1000℃，炭火的平均温度是800℃，柴火是600℃。炭火温度较柔和，不会由于急速加热而令肉受到刺激并萎缩。肉离开火焰后可以像在暖炉烤制那样继续小火加热。除了富含活力的T骨牛排，本书还会介绍阿根廷式蝴蝶牛排及阿萨多牛排。

T骨牛排 ▶

使用的牛肉

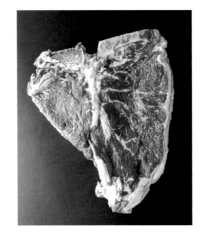

爱尔兰产的T骨牛排，可能由于牛的肥育期较短，无论是西冷还是菲力体积都不大，经济实惠。牛肉是几乎没有脂肪的红肉，滋味十足。

材料

T骨牛排…1块（1千克）	片状盐（马尔顿海盐）…适量
盐…12克（牛肉重量的1.2%）	黑胡椒碎…适量
胡椒粉…适量	

托斯卡纳深受人喜爱的传统料理佛罗伦萨大牛排并不事先给牛肉抹盐，而是等到烧烤完成后才撒盐，但我认为它和其他肉类一样，事先抹盐使其入味，同时进行脱水，味道才会更浓郁。正因为是带有骨头的厚牛肉，所以不这样做就不能入味。以骨头为界分为西冷和菲力，烤制方法截然不同。

考虑到牛肉不同部位的个性化特点，西冷靠近炭火、菲力远离炭火放置。通过添加炭火制造出温度差，慢慢进行加热。像这样能够调节烧烤的温度，也是炭火的特质。

1　将T骨牛排恢复至室温，整体撒盐和胡椒粉，静置片刻入味。盐重点撒在西冷一侧。

2　分别将西冷和菲力部分的骨头边缘用刀划开，这样可以使火较为均匀地加热到整个肉块，无须划透，注意不要将肉从骨头上切下来，只需切割一部分。

3　木炭有火焰燃烧时在烤架上抹油，放上T骨牛排。不要摆放在炭火的正上方，而是在稍微偏斜的地方，将西冷靠近炭火，菲力靠近自己。

4　用平底锅等器具作为盖子盖住牛排，以提升温度。

5　确认牛排表面充分印上烤架的纹路。

6　变换牛排的方向，再次盖上平底锅，继续烤制。

7　肉上充分烤出烧烤架的纹路。还未烧烤的一面隐隐呈现出偏白的肉色。

8　将骨头朝下竖立烤几分钟，再将尚未烤制的一面朝下放置。和之前烤过的那面一样，需要避开炭火的正上方，将菲力部分靠近自己。

9 距离炭火较近的西冷部分隐约会渗出血渍。

10 用手指按压，西冷呈现出弹性，菲力则依旧软软的，需要根据实际情况再稍微加热片刻。菲力部分始终需要远离炭火，这期间如果感到西冷部分火候过大，可以在下面垫上铝箔纸。

11 将西冷侧面朝下竖立起来，烤制脂肪。在烤制时脂肪会迅速化开，而我想要在不完全烤熟的情况下保留适量脂肪，因此要迅速烧烤，牛肉香味飘散开来即可。菲力柔软且散碎，无法竖立。

12 如果骨头边缘有血渗出，代表内部的汁水处于较丰富的状态。

13 取出牛排放入盘中，在温暖处静置。静置时间与烤制时间几乎相同，最低15分钟。上菜前，再次放在烤架上加热。

切牛排的方法

14 反握住刀子，沿着骨头切下牛肉。从烧烤前划开的部分切入，更便于操作。

15 骨头边缘的肉呈现出鲜肉的状态。斜切西冷和菲力，与骨头一起装盘，撒上片状盐和黑胡椒碎。

蝴蝶牛排

如果去阿根廷旅游，会经常看到像这样切成蝴蝶形状的牛排。厚重的牛肉切成左右两扇相对的肉块，分量十足。将充分烤制的牛排一人一块分配，平展开来。这里是烤至半熟的状态，利用大火的热度烧烤而成的肉，就算烤得有些过头也不会干柴。本来不需要用普罗旺斯香草预先调味，但为了展现出当地草原的芬芳，我使用了它。左右两扇分开的牛排两侧会带有脂肪。虽然没有必要立起来烧烤，但必须时常注意脂肪的状态和气味。烤制完成的牛排应静置一段时间，不过也可以在刚烤熟后就切开食用。此时会有美味的肉汁四溢开来。

材料

西冷…1块（1.1千克）
盐…11克（牛肉重量的1%）
胡椒粉…适量
普罗旺斯香草…适量
粗盐（盖朗德盐）…适量
黑胡椒碎…适量
欧芹…适量

使用的牛肉

使用厚切的美产牛西冷。将肉切成两扇左右相对的块，可以烤制更大体积的牛肉。一定要从脂肪部分开始切，切开时脂肪会向外侧打开。

1 将厚约8厘米的西冷恢复至室温，从脂肪一侧入刀，分成2块，不要切断。

2 将牛排分开，平铺放置。

3 给牛排整体，甚至肉的折痕缝隙里全部涂满盐，撒胡椒粉、普罗旺斯香草。静置使牛排入味。

4 木炭有火焰燃烧时给烧烤架抹油，将牛排用刀切开的一面朝下，放置在稍微偏离炭火的地方，不要置于炭火正上方。

5 烤制时变换方向，使肉上印上纹路。左右2块牛排厚度不均匀时，可以将较厚的一侧置于离炭火近的地方。

6 观察侧面，1/2的颜色变白时翻面。图中是五至七成熟的状态。

7 变换方向继续烤，牛排表面隐约渗出血水，则代表烤制完成。烤制时间总计10分钟左右。

8 取出牛排放入盘中，用铁扦扎入肉中查看状态，在温暖处静置。上菜前，再次使用炭火加热后切块、摆盘，搭配欧芹。最后在表面撒粗盐和黑胡椒碎。

阿萨多牛排

在阿根廷等南美洲西班牙语地区，阿萨多是道传统家常料理。所有烤肉都被称作"阿萨多"，但它也指肉排本身。使用明火慢慢地烤制牛肉脂肪较多的部分，看其渐渐化开，这是炭火引以为豪的本领。尽管完全炙烤在日本很难传播开来，这让我不禁觉得遗憾，但我还是想让厨师们更多地了解到：完全炙烤出的肉一点儿也不干柴，也很美味。浇在肉上的南美牛仔酱汁，是用阿根廷辣酱（P069）采用更接近当地料理的方式制成的。

材料（便于制作的量）

肋排（图1~图3）…1块（930克）
盐…10克（牛肉重量的1.1%）
胡椒粉…适量

南美牛仔酱汁

牛至草叶（细条）…1把
干番茄（浸泡后的小块）…40克
蒜碎…1/2瓣的量
鳀鱼块…2条的量
辣椒粉…少许
橄榄油…200毫升
* 所有食材充分搅拌均匀。

使用的牛肉

使用生长于东京离岛——青之岛的黑毛和牛，属于东京牛肉的肋排。并不是沿着骨头切割，而是顺着骨头断裂的方向切割使用。

1 顺着骨头断裂的方向切割肉排。首先，在离边缘五六厘米的地方下刀，直至碰到骨头。

2 使用切割骨头的工具，从上至下依次切断骨头。

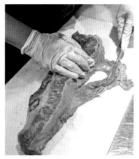

3 切掉附着在牛肉上的多余脂肪。

4 将肋排恢复至室温，整体涂抹盐和胡椒粉，静置入味。

5 木炭有火焰燃烧时在烤架上抹油，将肋排放在稍偏离炭火的地方，不要置于正上方。带骨头的部分最好靠近炭火。

6 继续烤制，骨头切面处隐约冒出血水时翻面。

7 另一面烤至从骨头切面处冒出血水时，将牛排放入盘中。

8 在炭火正上方再放一层烤架，将肋排放在上面，大火烤制两面，烤出香气。

9 拿掉一层烤架，再次将牛排放在远离炭火的地方烧烤。

10 表面显现出血色，如果想要半熟，这时便可以了。完全烤熟还需要进一步烤制。

11 在火力最小的地方烤，血不会渗出来。慢慢加热至牛排表面变干燥。

12 将牛排放入盘中，在温暖处静置。在骨头之间下刀，切分后装盘，淋上南美牛仔酱汁。

烤箱烤牛肉

想要在短时间内迅速烤制，还是慢慢加热？与燃气1000℃和炭火800℃的温度相比，烤箱的温度明显要低很多。它和明火不同，将肉放在有热度的烤箱内加热，让食材一点点升温，可以说十分适合烧烤肉块。我会在烤制时铺满蔬菜，热源并非直接接触肉，而是与肉更加柔和地接触，且维持着这样的状态直至烤制完成。虽然不是传统的燃气烤炉，但如果体会不到如此微妙的感觉，那便很无趣。

香烤牛肉

烤制沉甸甸的大块牛肉是肉料理的乐趣之一。像这样块头的肉，盐分很难浸透其中，再加上盐会滑落，因此需要使用稍多的盐。铺在下面的香味蔬菜除了受热后使肉变得柔软，还会使肉被富含香味的蒸汽所包裹，产生不干柴且湿润的效果。慢慢烤制的肉有着如基础清汤般的风味，激发出来自玉米饲料的甘醇香气。让我们来品尝食材本身的味道吧。

材料（便于制作的量）

西冷（肉块）…2.2千克
盐…28克（牛肉重量的1.3%）
胡椒粉…适量
洋葱…4个
蒜…1个
西芹茎…2根
月桂叶…2片
百里香…10枝
橄榄油…4大勺

配菜

欧芹…适量
填馅番茄（P045）…适量
约克郡布丁*（自制）…适量

* 作为配菜的约克郡布丁，是将简单的泡芙面团装进圆形容器，在烤箱内烤制而成。

使用的牛肉

使用超过2千克的美产牛西冷肉块。牛肉带有适度脂肪，湿润柔软、味道浓厚，十分适合做烧烤。

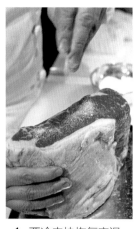  

1 西冷肉块恢复室温，整体涂满盐。盐不容易浸透大个的肉块，且烧烤时会滑落，因此盐的用量要稍增加。

2 避开脂肪部分撒胡椒粉。由于脂肪温度容易升高，在高温烤制时，胡椒粉容易变焦煳。

3 将洋葱横向切开，切面朝下摆在烤盘上，放上横向切开的蒜、西芹茎和月桂叶。然后放上牛肉和用绳捆好的百里香。静置1小时左右，让盐渗入牛肉中。

4 烤制前从牛肉上方淋橄榄油。

5 230℃烘烤。

6 20分钟后从烤箱中取出牛肉，用铁扦扎一下查看牛肉状态。此时肉表面虽然已上色，但中间还是生的。再次放入烤箱，180℃烘烤。

7 约10分钟后确认牛肉状态，然后再烤制10分钟并取出。虽然肉质和烤箱型号有所不同，但标准是总时长40分钟左右。将牛肉置于温暖处，静置时间与烤制时间相同。

8 将牛肉切成适当厚度的片，与配菜一起装盘。

香烤牛肉配菜

填馅番茄

材料（便于制作的量）

番茄…适量

蘑菇碎…100克

苦莒碎…1大勺

蒜…1/2瓣

法式乡村面包碎…30克

意大利香芹（细条）…适量

格吕耶尔奶酪块…适量

黄油…15克

盐…适量

1　制作填馅。平底锅中放入黄油和蒜，加热出香气后放入苦莒碎和1小撮盐翻炒。蔬菜变透明后放入蘑菇碎和1小撮盐翻炒。

2　锅中的食材开始变软时放入法式乡村面包碎和意大利香芹（图 ），搅拌后冷却。

3　从根部往上1/3处横切番茄，掏出子。

4　在番茄中铺上填馅和格吕耶尔奶酪块（图 ），将番茄放入烤箱，220℃烤制15分钟。

烤战斧牛排

T骨牛排带有不同的肉，烤箱很难均匀加热每个部位。但战斧牛排作为带骨的肉块却能够被轻松制作。放入大量蔬菜，一边缓和热度一边烘烤。在这期间，注意取出牛排确认熟度，为了防止温度下降，这步要在火上进行操作。在牛排尺寸较大的情况下，最好在骨头边缘事先划出缝隙。由于使用了墨西哥产牛肉，搭配的配料为萨尔萨酱，与一同烤好的蔬菜一起装盘。

材料（便于制作的量）

战斧牛排···1块（900克）
盐···9.9克（牛肉重量的1.1%）
胡椒粉···适量
洋葱···3个
蒜（带皮）···5瓣
西芹茎···1根
甜椒（红色、黄色）共1½个
百里香···10枝
月桂叶···2片
黄油···30克
橄榄油···5大勺
粗盐（盖朗德盐）···适量
黑胡椒碎···适量

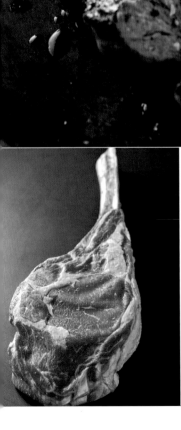

使用的牛肉

带骨的眼肉是非常美味的部位，由于形状如同斧子一般，被称作"战斧牛排"，近来人气也在一直上升。这里使用了墨西哥产牛肉。

1 战斧牛排恢复至室温后，整体撒盐和胡椒粉，静置入味。

2 向浅底铜锅内倒橄榄油，开火后将牛排脂肪部分侧立放入锅中，煎烤脂肪的同时放入切开的洋葱、对半切开并去子的甜椒、蒜和西芹茎，支撑住牛肉。然后放入捆好的百里香和月桂叶，四周放黄油。

3 将锅放进烤箱，220℃烤制15分钟左右，随时观察熟度。

4 取出牛排，注意不要让温度降低，将锅放在火上加热。将牛排横放，蔬菜上下翻面。肉放倒后锅内温度会降低，加热到牛排饱含汁水时，再次将锅放入烤箱，250℃烤制。

切牛排的方法

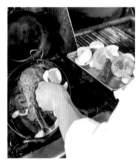

5 烤制约5分钟后将锅从烤箱中取出，放在火上加热，取出蔬菜（保留蒜和百里香）。这时的蔬菜火候正合适，再加热的话就会出水。

6 擦掉锅中多余的脂肪和水分，将牛排翻面，再次放进烤箱中，250℃烤制5分钟。用铁扦扎一扎骨头边缘和牛排中心，观察熟度。然后放在温暖处静置，静置时间与烤制时间相同。

7 沿着骨头切下牛肉。骨头边缘的肉还处于半生状态。

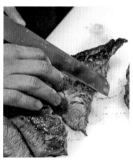

8 将切下的牛肉斜切成片。

9 将蔬菜切成适口大小，重新加热。将骨头与牛肉装盘，在肉的切面处撒粗盐和黑胡椒碎。

关于盐的使用

这里来讲一讲马蒂·格拉斯餐厅里使用的盐。

盐主要用于预先调味、制作以及装盘后装饰。

伯方盐用于预先调味和煎烤蔬菜，质地柔软细腻，能够沾满肉块。本书中对应牛肉的重量，明确标记出了需要盐的百分比。当肉片较薄时，盐的用量较少；肉片较厚、脂肪充沛时，盐的用量则较多。由于用量过多后期无法补救，因此要在不过量添加盐的前提下，无论烧烤还是炖煮，都根据料理情况以0.1%为单位进行调整。

控制盐的用量并没有什么严格的法则，这只是我从经验当中感觉并总结的大致的用量。决定好这个比例后，餐厅厨师在烹调时自不必说，对按照本书制作料理的读者来说，我认为重现料理味道的可能性也会变高。

烹调时用的盐为颗粒较粗的种类。烹饪肉质较粗的肉及法式料理时，使用法国产的**盖朗德盐**；制作脂肪较少的牛肉或羊肉时，使用英国产、呈片状的**马尔顿海盐**；而在烹饪意大利料理和猪肉时，使用意大利西西里岛产、被称作**罗沙盐**的岩盐，这是加工生火腿时使用的盐。此外，如果要制作鸡肉或蔬菜等味道柔和的料理，可选用新泻的藻盐及高知的天日盐等。这都是根据料理风格和味道浓淡不同而区别使用的。

料理装盘后，必须在肉的切面等处撒盐，但它不会浸透到料理中。增添咸味这点不用多说，通过添加粗粒且美味的海盐或岩盐，酥脆的口感与迅速蔓延口腔的复杂口味，能够赋予肉另一种风味。

伯方盐

盖朗德盐

马尔顿海盐

罗沙盐

炖牛肉

根据牛肉重量决定盐的用量，这样炖煮出的料理味道浓淡更容易确定。肉加盐后脱水，再借助少量的蔬菜、香草和酒的配合，完成颇具现代风格的简约料理。这里会介绍常见的红葡萄酒炖煮以及用油脂慢火炖煮。此外，也请准备书中频繁出现的、由牛肉基础清汤制作的超浓缩牛骨高汤，以及牛肉风味食用油。

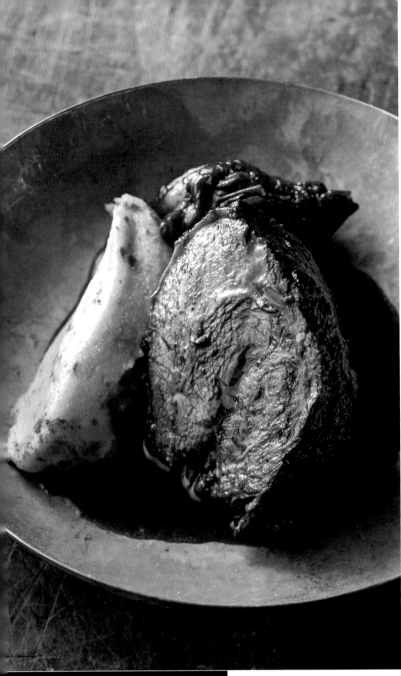

红葡萄酒炖牛颊肉

红葡萄酒炖煮的方法因人而异，有各种各样的配方。一旦添加了黑加仑利口酒或蜂蜜等甘甜的味道，料理都会变得有些俗气，因此我不会这样做。激发蔬菜和肉自然的甘甜和香气，浓度不过于高，畅快地完成制作，这才是我心中的红葡萄酒炖料理。红葡萄酒使用浓缩了果味的法国南部产和智利产的品类。

材料（便于制作的量）

牛颊肉（块）…650克

盐…8克（牛肉重量的1.3%）

洋葱*…2个

A ┌ 蒜（带皮）…1瓣
  │ 百里香（用绳子捆住）…3枝
  └ 月桂叶…1片

B ┌ 蘑菇…8个
  │ 黑胡椒粒…10粒
  └ 肉桂皮…1根

红葡萄酒…400毫升

超浓缩牛骨高汤（P056）…100克

牛肉风味食用油*（P057）…1大勺

黄油…15克

配菜

土豆泥中加入甜椒碎和切好的、含有甜椒的萨拉米腊肠。

* 洋葱切成两半，注意不要弄散，用绳子捆住并添加少许盐（分量外）。

* 没有牛肉风味食用油的话，可以使用橄榄油。

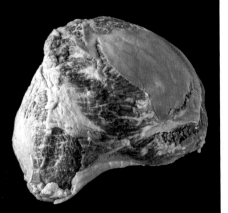

使用的牛肉

使用的是和牛的脸颊肉。这是经常活动的部位，味道浓厚，筋比较多，适合做炖煮料理。以粗筋为界分层，注意不要将其弄散，保留牛肉表面的薄膜进行制作。

1 给牛颊肉涂满盐，放进冰箱静置一晚。锅中倒入牛肉风味食用油加热，放入牛颊肉。不需要用大锅，恰好容纳所有食材的尺寸最为合适。

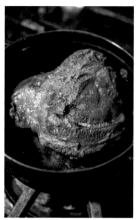

2 牛颊肉整体充分锁住肉汁后取出，用厨房纸巾擦去锅内多余的油脂。

3 锅中放入黄油，洋葱切面朝下，煎烤出较深的烧烤颜色并散发出香气。

4 将牛颊肉重新放回锅中。

5 倒入红葡萄酒，加热至微微沸腾，酒香四溢。

6 放入材料A和超浓缩牛骨高汤。

7 放入材料B。蘑菇能将料理味道激发出来。汤汁再次沸腾后盖上盖子，将锅放入烤箱，200℃烤制2小时。也可以用火直接炖煮，但使用烤箱可以使肉在锅里全方位、充分地加热。

8 完成的状态。铁扦无法立在肉上。品尝味道，调整盐（分量外）的用量。

9 取出牛肉，切成适当大小，装盘，搭配洋葱和配菜，淋上汤汁。

油封牛眼肉

虽然有些奢侈，但我还是将饱含霜降纹理的眼肉制作成了油封腌肉。这会去除牛肉本身多余的脂肪，但肉并不会干柴，口感清爽。用盐腌制肉块的方式，现如今无论是为了保存还是引导出醇香，都很重要。和牛也适用于此做法。从寿喜烧到涮涮锅，牛肉的制作乐趣也增加了。

材料（便于制作的量）

眼肉（块）…2千克

盐…34克（牛肉重量的1.7%）

A ┌ 洋葱…1个
  │ 蒜…1瓣
  └ 百里香（用绳子捆住）…10枝

B ┌ 洋葱*…3个
  │ 丁香…3粒
  │ 蒜（带皮）…1头
  │ 百里香…10枝
  └ 月桂叶…1片

橄榄油…适量（标准为4升）

配菜

炖煮白芸豆*…适量

橄榄油…适量

辣椒粉…适量

意大利香芹…少许

* 白芸豆用水浸泡一晚，加洋葱、蒜、胡萝卜、盐和水煮软。

* 在材料B中的3个洋葱上切十字，每个都塞进1粒丁香。

使用的牛肉

使用黑毛和牛的眼肉，这是在牛排与寿喜烧等料理中非常受欢迎的部位，但毋庸置疑也需要花费更多时间。

1 给眼肉整体涂满盐。

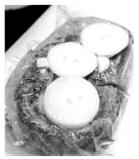

2 眼肉上铺材料A（洋葱横切成3块，蒜切成两半），真空密封（或用保鲜膜紧紧包裹），在冰箱里静置一周。可以在这期间适当擦去牛肉渗出的水分，再次密封。

3 一周后的状态。盐分完全渗入肉中，洋葱和香草的香味也浸入牛肉中。

4 去掉洋葱和香料，用厨房纸巾擦干表面水分。

5 将眼肉放入锅中，放入材料B。

6 倒入橄榄油，没过整个牛肉块。开火加热，使温度上升至70℃。

7 如果温度上升过快，可以关火，保持70℃，将肉上下翻面。

8 约2.5小时后的状态。肉软得几乎要散掉。

9 冷却后小心取出牛肉，切下要食用的量。剩余肉浸泡在锅中的橄榄油中，冷藏保存。

10 不使用橄榄油，将切分好的牛肉放入平底锅，迅速加热。

11 盘内盛入炖煮白芸豆，旋转着浇淋橄榄油，撒辣椒粉和意大利香芹，最后放上烤好的油封腌肉。

牛肉基础高汤

马蒂·格拉斯餐厅使用的汤汁，是将牛肉基础高汤进一步熬煮后制成的超浓缩牛骨高汤。为了补充胶原蛋白而添加了牛尾和牛筋，所以脂肪成分稍微多一些，如果将其完全过滤，难得的胶原蛋白和醇香味也会有所损失，所以进行了适当的调整。本书中的大多数料理都使用了超浓缩牛骨高汤。通过添加这种浓缩的美味精华，不依靠后期加入黄油也能加重酱汁的味道。而且，还能做到入口后味道迅速散发，食用后的感受十分轻盈。

材料（便于制作的量）

牛尾（尖端较细部分，小块）…300克

牛筋…2千克

小牛骨头（小块）…3千克

A ┌ 洋葱…6个（1千克）
　├ 蒜…2头
　├ 胡萝卜…2根（500克）
　├ 西芹…1/2根（30克）
　└ 韭葱绿…10厘米

百里香…10枝

月桂叶…1片

水…10升

1 将牛尾、牛筋和小牛骨头放入烤箱，250℃烤制40分钟。

2 烤制35分钟后取出烤盘，翻转所有材料后再继续烤5分钟。

3 摆上材料A（洋葱切块、蒜横切、胡萝卜切十字、西芹拍破），250℃再烤制15分钟，激发出蔬菜的香味。

4 蔬菜表面微焦，下面的牛肉香气扑鼻。

5 由于烤制得还有些不均匀，搅拌后再烤制15～20分钟。蔬菜香气四溢的同时，牛肉得到充分烘烤。这时可以初步想象酱汁汤底完成的样子。

6 将肉、骨头、蔬菜倒入滤网，过滤油脂。

*油脂可以添加到炖煮料理中，或在炒菜中使用。

7 将过滤后的食材放入圆柱形深底锅中，倒入足量水，放入百里香和月桂叶，大火炖煮。

8 在烤盘内倒入适量水（分量外），直接放在火上烘烤，然后将水倒入深锅里。顽固的焦痕无法轻易去掉也没有关系。

9 汤沸腾后出现浮沫，不用立即撇掉，待茶色和偏白色浮沫渐渐凝固，只去除偏白色浮沫即可。也可以不去除这里漂浮的油脂。

10 小火加热，保持汤水微微沸腾，炖煮5小时左右。过程中可以撇去过多的浮沫。

11 5小时后，精华全部炖煮出来，汤色变得相当深，表面覆盖着一层油脂膜。仔细撇去油脂。

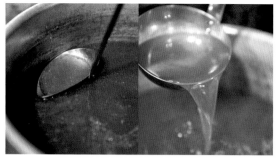

12 用网眼较细的滤网过滤汤汁，不要按压滤网中的肉或蔬菜，让汤汁自然过滤。

13 将过滤好的汤汁再次加热至沸腾，撇去浮沫。作为牛肉基础高汤直接使用时，可在滤网上铺一层过滤纸，再次过滤。

将牛肉基础高汤制成超浓缩牛骨高汤

在牛肉基础高汤的步骤13撇去浮沫后，再用使汤汁微微沸腾的小火加热2小时左右，将汤汁熬煮至一半的量。在滤网上铺一层过滤纸，过滤。

牛肉风味食用油

使用与牛肉基础高汤相同的食材，制作拥有牛肉香味的油，成品会是什么样呢？基于这一想法，我设计出了牛肉风味食用油。它可以当作炒菜油，添加进炖煮的汤汁里，或当作蛋黄酱的油使用，用处多种多样。熬制酱汁汤底时，材料增加了牛尾的比例，而用于制作油封腌肉，也十分值得品尝。此外，通过增加蔬菜的用量并切碎，更能增添香气。由于不太适合长期保存，首先制作一半的量即可。

材料（便于制作的量）

牛尾（带有牛肉的部分）…1.5千克
牛筋…1千克
小牛骨头…1.5千克
┌ 洋葱块…6个（1千克）
│ 蒜…2头
A 胡萝卜…2根（500克）
│ 西芹…2根（120克）
└ 韭葱绿…1根
百里香（用绳子捆住）…10枝
月桂叶…1片
橄榄油…7升

1　按照牛肉基础高汤的步骤1~步骤6（P054~P055），将材料放入烤箱烘烤，用滤网过滤油脂。
2　将过滤后的材料放入圆柱形深底锅中，放入橄榄油、百里香、月桂叶，加热。保持液体表面微微沸腾，炖煮约3小时。
3　用网眼较细的滤网过滤。将油装进瓶子等容器，冷藏或冷冻保存。尽快使用。

牛尾用作油封腌肉配菜

由于选用了带有大量牛肉的尾巴部分，也可以将牛尾作为油封腌肉的配菜来食用。剔下牛肉，切碎脂肪部分，混合搅拌，用盐调味。将其盛在法式乡村面包上，撒胡椒粉和辣椒粉。

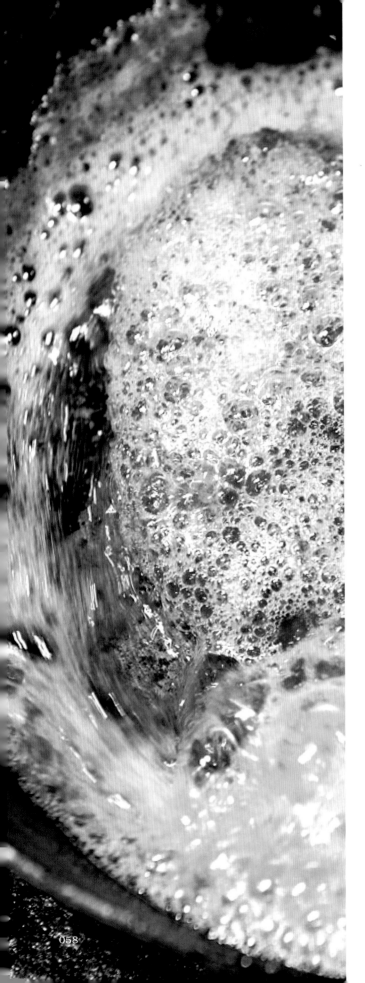

炸牛肉

将食材包裹面衣后进行烹调，最重要一点是要在适度脱水的同时制作出美味的表层面衣。尽管炸牛肉与天妇罗的思路一样，但是在将面包粉炸出茶褐色这一点上却不尽相同。就算炸牛肉的烹调方法不同，但基本思路与煎烤牛肉是一样的，需要关注肉汁充盈的情况，由于看不到牛肉的状态，要在确认声音、气泡、触感的同时计算好时间。虽然这里将厚切牛菲力做成了炸牛排，但只要感觉正确，你就能明白牛排跟部位与厚度无关，不依赖温度和时间的数字设定也可以完成。我会介绍用黄油煎炸牛肉的方法，同时还有其他想法，例如在充分加热牛肉的同时，怎样使大量黄油散发出香气，包裹在面衣上。

炸菲力牛排

将有些厚度的菲力做成炸牛排，虽然这是西餐中一道有名的菜式，但也有一定难度。我见过有些牛排，面衣炸好后肉依然半生不熟。我认为这是法式料理中面衣添加了蛋白酥皮的缘故。通过煎炸给肉表面脱水，使面衣焦黄酥脆，并激活牛肉内部的汁水，令其充盈整块肉排。由于面衣的覆盖，无法通过观察肉的状态进行判断，所以必须要认真留意油的爆破声和气泡大小的变化。此外，从筷子上传导的面衣触感变化也很重要。集中注意力，在气泡、煎炸成色、触感三者都刚刚好时，抓住牛肉轻轻浮出油的瞬间捞出，充分静置后再次煎炸并趁热上桌。

使用的牛肉

炸牛排最适合用柔软的菲力。我选用的是爱尔兰产的牛肉，牛用青草喂食，口感清爽，油炸也能轻松完成，便于食用。

材料（便于制作的量）

菲力…1块（160克）
盐…1.6克（牛肉重量的1%）
胡椒粉…适量
面粉…适量
鸡蛋液…适量
生面包粉…适量
煎炸用油…适量
芥末粒…适量
黑胡椒碎…适量

1 菲力恢复至室温，给整体包括侧面在内涂满盐，撒胡椒粉。静置片刻入味。

2 拍打并裹上足量面粉，即使面粉掉落也没关系。

3 浸入鸡蛋液中。

4 裹上足量的生面包粉。

5 随着温度上升，菲力的脂肪松散后纤维容易断裂。注意不要用力按压面包粉，轻轻按压即可，防止肉块散掉。

6 将油加热至170℃，放入牛排。

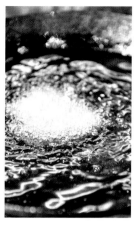

7 此时油温下降，需加大火力油炸。

8 面衣变硬，开始上色后翻面。

9 整体上色后，用长筷子将油按照一个方向拨动，使牛排跟着转动。这样，牛排可以慢慢地全方位加热。不时上下翻面。

10 牛排温度上升后，油的气泡变小，爆破声也变得激烈。面衣酥皮充分定形后将牛排捞出。

11 用铁扦扎一下，肉汁会一点点渗出来。静置时间与煎炸时间几乎相同，让牛排内部的肉汁稳定下来。

12 再次放入180~200℃的高温油中二次油炸，加热面衣。

13 三四秒后迅速捞出，沥油后盛盘，撒芥末粒和黑胡椒碎。

米兰风味炸小牛肉排

使用的牛肉

采用了北海道产的小牛菲力。虽然与欧洲产的肉相比奶香味稍有欠缺，但十分适合制作加入大量黄油的煎炸料理。

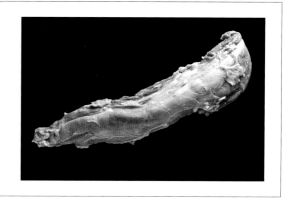

给轻轻拍打过的牛排裹上面包粉后油炸，这种做法是奥地利炸小牛排。只是由于这道料理需要使用奶酪，我多多少少加入了自己的设计，制成了米兰风味。我希望大家能将它与油炸厚切牛排区分开来。虽说要充分煎炸，但在我心中它是能让人充分品味黄油香气的料理。薄薄的牛排很快就能制作完成，在不完全脱水的情况下，如何激发出面衣的芳香，

这一点很关键。在这方面，由于小牛的牛肉就算充分加热，品尝起来也十分柔软，所以以极为合适。将牛排煎炸到半熟，利用焦化的黄油完全激发出面衣的芳香，让如同布里欧修面包和酥脆黄油吐司一样的香气四散到空气中，弥补黄油的不足。另外，最理想的状态是趁着这香气还没有消散就上菜，并建议客人迅速食用。

材料（便于制作的量）

小牛菲力···1块（130克）
盐···1克（牛肉重量的0.8%）
白胡椒粉···适量
百里香叶碎···适量
格拉纳帕达诺奶酪···适量
面粉···适量
鸡蛋液···适量
面包粉细粉末*···适量
黄油···130克

装饰
格拉纳帕达诺奶酪、意大利香芹
碎、柠檬···各适量

* 面包粉细粉末是将法式长棍面包放进料理机中细细打磨而成的。

1 去除小牛菲力中多余的筋与脂肪。由于肉质柔嫩，需要温和、仔细操作。

2 将牛排夹在保鲜膜中间，均匀拍打成2毫米左右厚。注意不要将肉拍破，要慢一点按压。展开后的牛排如果迅速加热容易收缩，需要稍放置片刻。

3 揭开上面的保鲜膜，撒盐和白胡椒粉，再次裹上保鲜膜后翻面。将另一面的保鲜膜揭掉，撒百里香叶碎。

4 将奶酪擦碎后撒满牛排表面。

5 均匀地撒面粉，裹上保鲜膜，用手掌按压紧实、严密。

6 将牛排下面的保鲜膜揭开，手捧牛排，拍掉多余面粉，使其落在保鲜膜上。

7 将掉落的面粉撒在牛排另一面上。

8 在牛排上倒鸡蛋液。用手涂抹会使面粉脱落，要用手掌按压。

9 将牛排放入铺满面包粉细粉末的盘中，表面充分裹上面包粉，轻轻按压紧实。拍打掉多余的面包粉。

10 在牛排的一面用刀划出格子纹路。这不仅为了美观，也便于沥油。

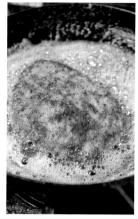

11 平底锅内放入黄油,小火加热化开后将牛排有纹路的一面朝下放入。

12 用使黄油呈慕斯状的火候加热,并不断用黄油浇淋牛排。泡沫逐渐变得细小而密集。

13 黄油逐渐焦化,香味完全发散出来。牛排充分上色后翻面。

14 牛排的火候已经足够,因此要一边轻轻浇淋,一边翻面煎烤。

15 牛排另一面上色后捞出。

16 沥油后装盘。撒上擦碎的奶酪和意大利香芹,搭配柠檬。

丰富的酱汁

法式料理的传统酱汁是与牛肉料理搭配最基本的调味料。将牛肉作为主角烹调，从骨头中提取出的酱汁不可欠缺，酱汁是构成一整盘料理的重要一部分。我制作的酱汁中，除了蛋黄酱，几乎不使用黄油。我也不会在盘中添加大量酱汁，只将浓缩了酒与牛骨高汤的精华作为重点即可。除了酱汁，我经常使用的是风味盐和萨尔萨酱。去世界各地旅行并品尝各种美味，将感受到的东西用自己的方式诠释出来，也同样是一件重要的事情。

蛋黄酱

用传统蛋黄酱调味的餐厅越来越少了，但是它十分适合烤肉类料理。在增添醇香味道的同时，醋的酸味以及香草的清爽气味可以去除油脂，因此可以添加到脂肪较多的肉当中。龙蒿的味道是蛋黄酱中必需的。

材料（便于制作的量）

黄油…200克
蛋黄…1个
香葱碎…1根的量
龙蒿…2枝
香叶芹…4~5枝
细香葱…15根
白酒醋…100毫升
盐…少许

1　制作澄清黄油。锅内放入切成小片的黄油，加热化开后在常温下静置，沉淀出固体。将盆和滤网重叠，铺上浸湿后拧干的厨房纸巾，一点点过滤黄油（图ⓐ）。过滤出的固体也可以添加在炖煮等料理中增添风味。

2　将龙蒿和香叶芹的叶子和茎分离，叶子部分与细香葱一起切碎。

3　锅中加入白酒醋、香葱碎和步骤2中的香草茎，加热至沸腾（图ⓑ），过滤（图ⓒ）。

4　盆里放入蛋黄，隔水加热，加盐和步骤3的调料，搅拌（图ⓓⓔ）。酱料逐渐变浓、颜色偏白（图ⓕ）后进一步搅拌。气泡变小、从搅拌器和勺子上流下的酱料变成细条并几乎能凝固时（图ⓖ），停止加热。

5　用勺子将澄清黄油一点点加入盆中，搅拌使其乳化（图ⓗ）。将搅拌器固定于一处进行搅拌，而不是整个搅拌，这是重点（图ⓘ）。温度下降后再次隔水加热。完成时酱料蓬松且饱含空气。无须加入全部黄油，依据情况来判断。

6　将步骤2中切碎的香草料加入盆中，充分混合（图ⓙ）。

红葡萄酒酱汁

就算不使用黄油，也可以通过充分炖煮来增加酱料的黏性。留有些许苦味、酸味的同时，浓缩后的红葡萄酒味浓且黏稠。只使用少许盐调味，料理中添加很少的量就足够了。

马德拉酱汁

马德拉酒搭配焦糖化的洋葱。二者的甘甜和芳香互相重叠，构成丰富的口味。作为酱汁使用自不用说，作为炖煮料理的汤底使用，能激活超浓缩牛骨高汤中的胶质。

波特酒酱汁

像波特酒和马德拉酒等甜度高的酒本身就带有酱汁的风味，与超浓缩牛骨高汤搭配炖煮后，拥有了照烧酱般的甘甜与浓稠度。

材料（便于制作的量）

红葡萄酒*…200毫升
超浓缩牛骨高汤（P056）…100克
盐…适量

* 红葡萄酒使用的是智利产的赤霞珠。

1　红葡萄酒倒入锅中加热至沸腾，倒入超浓缩牛骨高汤熬煮。
2　熬煮至1/3的量（完成时约90克），用盐调味。

材料（便于制作的量）

马德拉酒…200毫升
洋葱…1/2个（100克）
黄油…30克
超浓缩牛骨高汤（P056）…100克
盐…适量

1　洋葱切成两半，然后切薄片。平底锅内放入黄油加热，倒入洋葱，慢慢翻炒至出现焦糖色。多余的油脂用厨房纸巾去除。
2　另一锅中倒入马德拉酒加热，使酒精挥发，稍熬煮后加入洋葱和超浓缩牛骨高汤，炖煮至一半的量（完成时约150克），用盐调味。

材料（便于制作的量）

波特酒（红宝石）…200毫升
超浓缩牛骨高汤（P056）…100克
盐…适量

锅内倒入波特酒加热，沸腾后加入超浓缩牛骨高汤，熬煮至出现光泽（完成时约100克）。用盐调味。

风味盐

柑橘酱汁

酱油汁

克里奥尔盐

柑橘风味盐

在柑橘果汁的甘甜和酸味中增添蔬菜的香味，温和的口感搭配上浓厚的汤汁。除了牛肉，搭配鸡肉和鸭肉等也可以。

材料（便于制作的量）

柑橘果汁…200毫升
超浓缩牛骨高汤（P056）
…50克
┌ 洋葱碎…80克
│ 蒜碎…1瓣
A│ 胡萝卜碎…20克
└ 西芹碎…20克
黄油…50克
盐…1/4小勺
柑橘皮碎…2克

1　锅内放入黄油加热，加入材料A和盐后熬煮。
2　当食材变软，蔬菜散发出甘甜味后，加入柑橘果汁和超浓缩牛骨高汤熬煮。撇去浮沫后装盘，加入柑橘皮碎，用盐（分量外）调味（完成时约250克）。

并非将酱油始终置于面前，而是用来辅助提香。正因如此，更要使用认真制作的优质酱油。散发出的香气能衬托出牛排和汉堡包的美味。

材料（便于制作的量）

酱油…1/2小勺
超浓缩牛骨高汤（P056）
…100克

锅内加入超浓缩牛骨高汤加热，升温后添加酱油。也可以不熬煮。

店里为了制作炸鸡块，经常备有克里奥尔盐。这种香料能体现出胡椒强烈的辛辣味，还混合了甘甜味以及香草的清凉感等。

材料（便于制作的量）

小茴香粉…3大勺
肉桂粉…2大勺
辣椒粉…2大勺
胡椒粉…1大勺
蒜末…1小勺
百里香粉…1小勺
月桂叶粉…1小勺
卡宴辣椒粉…少许
藻盐…1大勺

将全部材料混合搅拌，使用密封容器保存。

柑橘皮的味道搭配与之契合的香辛料与香草，使盐香气轻柔。带有粗糙口感的片状盐十分合适制作。

材料（便于制作的量）

小茴香子…1大勺
香菜籽碎…1小勺
牛至（干燥）…1小勺
丁香…1粒
柑橘皮…2克
片状盐（马尔顿盐）
…2大勺

将全部材料混合搅拌，装进密封容器内，使盐吸收香气。盐吸收了柑橘皮的水分，逐渐变干后不容易变质，但也要尽快使用。

萨尔萨酱

番茄洋葱青椒萨尔萨酱

阿根廷辣酱

猕猴桃萨尔萨青酱

仅仅是将新鲜蔬菜切好、拌匀，虽然没有用盐调味，但蔬菜的鲜香气味和口感与煎烤牛肉出人意料地契合。它是餐厅中的固定酱料，是伊帕内牛排必不可少的萨尔萨酱。

材料（便于制作的量）

番茄…150克
青椒…100克
红洋葱碎…100克

1　番茄和青椒去子，切成边长1厘米的小块。
2　与红洋葱碎混合搅拌。

在阿根廷，阿根廷辣酱作为肉类料理的酱汁广受欢迎。制作方法有很多，大多数都做成糊。我在里面混合了切碎的多种蔬菜，并享受这样的口感。

材料（便于制作的量）

　┌　辣椒粉（红）…50克
　│　芜菁…50克
　│　西葫芦…50克
　│　茄子…50克
A┤　胡萝卜…50克
　│　红心萝卜…50克
　│　罗勒叶…10片
　└　番茄干…20克
鳀鱼糊…1小勺
卡宴辣椒粉…少许
盐…少许

将材料A全部切碎，与其他食材混合。最好放置一天后再使用。

基底是墨西哥萨尔萨青酱，只是用尚未成熟、仍不甜的猕猴桃代替了灯笼果。可以添加进肉类料理和玉米饼卷内使用，同时也可以品尝到散发青辣椒香味的西班牙冷汤式的口感。

材料（便于制作的量）

　┌　猕猴桃（尚未成熟、硬）
　│　…90克（净重）
　│　番茄（尚未成熟、硬）
A┤　…250克
　│　香菜梗…10克
　└　青辣椒（带子）…20克
红洋葱碎…30克
盐…1撮

1　将材料A略切碎后放入搅拌机，粗略搅拌。
2　盛出后加入红洋葱碎，用盐调味。

牛肉料理的拓展
及应用

伊帕内玛式西冷牛排

在马蒂·格拉斯餐厅，这道菜是人气料理前两位之一。牛肉加盐腌制一晚后做成牛排，灵感来自巴西广受欢迎的盐渍牛肉。当地是用炖煮的烹饪方法，这里设计成了烤牛排。配菜中添加了黑豆饭和炒树薯粉等巴西风味。与本书前半部分介绍的基本牛排不同，这道料理中紧实的牛肉质感独特，由于脱水，煎烤时能够尽快染上烧烤色。店里使用了牛厚裙肉与外裙肉，多用炭火火焰慢慢烤制，这里使用了较厚的铁板，充分加热后，用小火煎烤完成。

材料（便于制作的量）

西冷*…1块（300克）
盐…3克（牛肉重量的1%）
黄油…15克
黑胡椒碎…适量

配菜

黑豆饭（P074）…适量
炒树薯粉（P074）…适量
番茄洋葱青椒萨尔萨酱（P069）…适量
米饭（泰国香米）…适量

* 西冷使用的是日本熊本产红牛。

1　西冷涂抹盐后装袋，抽真空，在冰箱放置一晚（图**a**）。

* 为了使盐充分渗透以及防止氧化，进行了抽真空处理，也可以仅包裹保鲜膜。

2　铁板充分加热后转小火，放入黄油，将恢复至室温的牛排脂肪部分朝下，竖立放入锅内（图**b**）。不到1分钟就会上色，将牛排放倒（图**cd**），依次煎烤其他面（图**e**）。

3　共煎烤3分钟左右，将最后一面朝下（图**f**），关火后用余温加热。静置两三分钟后，再次开小火使最后一面上色。盛盘后在温暖处静置10分钟左右。

4　加热铁板，将牛排切薄片，与配菜一起放在铁板上，牛排上撒黑胡椒碎。

伊帕内玛式西冷牛排配菜

黑豆饭

炒树薯粉

黑豆饭
材料（便于制作的量）

牛肉薄片…150克
猪颊肉、猪舌、猪耳*…共700克
黑豆*（干燥）…200克
洋葱碎…2个的量
蒜碎…2瓣的量
番茄酱…100克
猪油…2大勺
盐…适量
水…1升

* 猪颊肉、猪舌、猪耳的比例根据喜好调整，猪耳中的胶质可以让料理更好吃。
* 黑豆在水里浸泡一晚。

1　在牛肉薄片、猪颊肉和猪舌上涂抹各自重量1%的盐，猪耳上涂抹其重量1.6%的盐。在冰箱内放置一晚后切成和黑豆几乎相同的大小。
2　锅内放入猪油和蒜碎加热，散发出香气后加洋葱碎翻炒。食材变软后加入步骤1中的肉轻轻翻炒，再加入沥干的黑豆、番茄酱和水。
3　煮沸后调小火，盖上锅盖炖煮至肉和黑豆变软，约2小时。如果中间水分煮干可以加水，品尝味道后用盐调味。

炒树薯粉
材料（便于制作的量）

树薯粉*…3大勺
培根碎…20克
红棕榈油…1大勺

* 树薯粉是将树薯研磨成细末，晾干后制成的。

平底锅中倒入红棕榈油加热，翻炒培根碎，香味和油脂出现后加入树薯粉，炒至香气四溢。

冷牛肉沙拉

将香烤牛肉切成有嚼劲的块，做成沙拉。调味用简单的油醋汁也可以，不过我认为这样做有些无趣。在西班牙加那利群岛上，莫霍酱作为添加在肉和蔬菜里的酱汁深受人喜爱，而这里还添加了柑橘果肉。在香菜与薄荷之外，带有异国风情的小茴香香气与柑橘风味勾人食欲。

材料（便于制作的量）

香烤牛肉（P043）…适量
莫霍酱（右述）…适量
叶菜（沙拉用）…适量
盐…少许
胡椒粉…少许

在叶菜中加少许盐和胡椒粉后盛盘，香烤牛肉切小块后放进去，再浇上莫霍酱。

莫霍酱（便于制作的量）

香菜叶碎…10克
薄荷叶碎…10克
蒜末…1/2瓣的量
柑橘果肉块…1个的量
酸橙皮丝…3克
酸橙果汁…2个的量
小茴香末…1小勺
黑糖粉…1小勺
盐…1/2小勺
橄榄油…150毫升

将所有食材充分混合，搅拌。

调味烤牛肉

给小块牛肉增添柑橘风味后烤制。使用的牛肉是黑毛和牛（尾崎牛）的尾根肉，肉质柔韧、有弹性，油脂丰富、味道浓郁，需要稍增添盐的用量烹制。让蔬菜与柑橘香气互相融合，慢慢加热。如果有炭火台，也可以用明火慢慢烤制。

材料（便于制作的量）

尾根肉（黑毛和牛）…1块（250克）

盐…3克（牛肉重量的1.3%）

胡椒粉…适量

- 洋葱（带皮、月牙块）…2块
- 蒜（带皮）…1瓣
A 柑橘皮（用剥皮器削）…3片
- 百里香（用绳子捆住）…10枝
- 月桂叶…1片

牛肉风味食用油*（P057）…3大勺

柑橘酱汁（P068）…适量

* 没有牛肉风味食用油，可以用橄榄油代替。

1　将恢复至室温的尾根肉整个涂满盐和胡椒粉，稍腌制。

2　用小火慢慢加热砂锅（或陶锅），倒入牛肉风味食用油，将牛肉脂肪朝下竖放进锅中（图**a**）。使用能煎出汁水的火候煎烤。轻微上色后，放倒牛肉（图**b**）。在缝隙中摆放材料A的食材（图**c**），放入烤箱，200℃烘烤12分钟。

3　从烤箱中取出牛肉，翻面。这时大致是七分熟。将锅放在火上加热，使牛肉上色，调整火候（图**d****e**）。用铁扦扎一下确认熟度，将牛肉盛盘，在温暖处静置12分钟（图**f**）。

4　切开牛肉，重新放回砂锅，在牛肉切面上淋柑橘酱汁。

熏牛肉

使用的牛肉

使用了美产安格斯牛的肩胛肉。由于拥有3种不同的肉质，加热方法也不一样，因此加热后牛肉表面会感到些许凹凸不平。这里属于经常活动的部位，带筋，香味浓厚，适合做熏牛肉。

牛肉涂满盐和香辛料，放置一晚后慢慢烟熏。熏肉的盐分更多，经过充分放置后，口感和风味很接近火腿，只不过这里更像烤肉。牛肉表面的香辛料并没有因为烟熏和烘烤而变焦糊，而是形成了厚重的颜色，激发出浓郁的香气，这是最理想的状态。熏熟的牛肉可以直接食用，这里则切成薄片，制成了熏肉三明治。

材料（便于制作的量）

肩胛肉（块）…2千克
盐…26克（牛肉重量的1.3%）

A ┌ 辣椒粉（烟熏）…3大勺
  │ 小茴香粉…1大勺
  │ 牙买加胡椒粉…1大勺
  │ 芥末粉…1/2大勺
  │ 胡椒粒…3大勺
  │ 蒜粉…1大勺
  └ 香菜籽粉…2大勺

洋葱…3个
蒜…1头
橄榄油…适量

* 准备80克烟熏木屑。

1　将盐和材料A（图**a**）混合，涂满整个肩胛肉块。不仅是表面，纤维缝隙等处也要充分涂抹（图**b**）。用保鲜膜包裹严实，装进塑料袋里，在冰箱里放置一晚。

2　牛肉放置一晚后的状态（图**c**）。牛肉整体用香辛料严密包裹，肉质变得紧实。

3　在圆柱形深底锅锅底放入烟熏木屑，铺成面包圈形。为了使牛肉稳定，将铝箔纸团起来放在中间（图**d**）。

4　给牛肉挂上吊钩，勾在结实的网上，放进锅中，将肉悬挂起来（图**e f**）。盖上裹好铝箔纸的锅盖，大火加热（图**g**）。冒烟后调小火。

5　保持微微冒烟的状态，将牛肉烟熏40分钟左右。要尽可能不加热而只是烟熏，因此锅与盖子之间留有缝隙（图**h**）。

6　20分钟后肉的状态（图**i**），已经有了一定的烟熏质感。

7　40分钟后肉的状态（图**j**）。表面干燥，烟熏使得香辛料呈现出偏黑的颜色。将牛肉从锅内取出，卸掉吊钩。

8　在浅锅内摆放横切的洋葱和蒜，放入牛肉，淋橄榄油（图**k**），放入烤箱，200℃烤制1小时（图**l**）。20分钟时给牛肉翻面，再烤30分钟后再翻面，烤10分钟。每次都用铁扦确认熟度（图**m**）。

9　从烤箱中取出牛肉，至少放置30分钟后切薄片（图**n**）。

熏肉三明治
材料

黑麦面包片…适量

熏牛肉片…适量

玛利波奶酪片…适量

美国黄芥末酱…适量

黄油…适量

酸黄瓜…适量

在一片黑麦面包片上涂抹黄油，另一片上放玛利波奶酪片，分别稍烤制。涂抹黄油的面包片上再涂黄芥末酱，放熏牛肉片，再将带有奶酪的面包片盖在上面，放上酸黄瓜，用牙签固定。

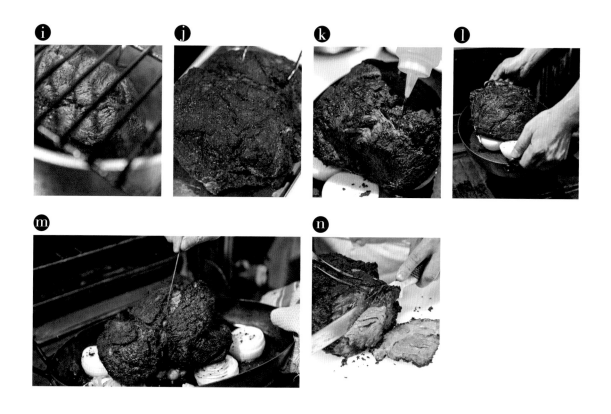

炸牛肉咖喱

将炸牛肉进行大胆创新的奢华咖喱。如果是柔软的菲力，仅用一只勺子就能轻松地品尝。浸泡在咖喱汁中的柔软面衣与不带咖喱的部分相映成趣。将牛肉和散发出黑胡椒强烈香气的香料咖喱搭配，平衡感十足。如果和勾芡过的欧式牛肉咖喱组合，便拥有了日式西餐的风味。

将香料咖喱（P105）、炸菲力牛排（P059）与米饭一起装盘，并添加西式腌菜（小黄瓜），米饭上撒切好的意大利香芹。

炸牛排三明治

牛排使用了菲力的眼肉盖部分，这块牛肉平整且表面积大，十分适合做三明治。简单地在面包上涂抹芥末酱和酸奶油，增添酸味。

材料（便于制作的量）

炸菲力牛排（P059）…1块
面包（约2厘米厚）…2片
黄油…适量
酸奶油…适量
第戎芥末酱…适量
龙蒿（装饰用）…适量

拓展及应用
3
炸牛肉

1　牛排使用了菲力的眼肉盖部分，参照P060～P061油炸。
2　将面包略烤一下，在一片面包上重叠涂抹黄油和酸奶油，另一片涂抹第戎芥末酱。
3　用面包夹住牛排，切掉外侧焦黄部分并一分为二。装盘后用龙蒿装饰。

小牛排佛卡夏三明治

炸小牛肉排与带有迷迭香风味的佛卡夏面包搭配组合。牛肉并未涂黄油，切片后一口咬下去在嘴里化开，香气四溢。搭配了大量蔬菜，柠檬的爽口味道很突出。

材料（便于制作的量）

米兰风味炸小牛肉排（P062）…1块
佛卡夏面包*…1块
番茄…2片
叶菜（沙拉用）…适量
牛肉风味食用油*（P057）…适量
第戎芥末酱…适量
黄油（极薄的片）…70克
格拉纳帕达诺奶酪…适量
柠檬片…1/4个左右的量
盐、胡椒粉…各适量

* 佛卡夏面包是长20厘米、宽8厘米、高6厘米的自制迷迭香佛卡夏面包。
* 可以用制作基础高汤时过滤出的油脂代替牛肉风味食用油，或用橄榄油。

1　将佛卡夏面包横向切成两半，一片上涂抹牛肉风味食用油，再薄涂一层第戎芥末酱。

2　在另一片面包上涂抹黄油，摆好番茄、叶菜，撒盐和胡椒粉，滴少许牛肉风味食用油。将擦碎的奶酪撒在面包上，放柠檬片和炸小牛肉排，最后盖上另一片面包。

牛排馆风格套餐

拓展及应用
3
炸牛肉

❸ 牛肉烩饭

❷ 肉酱意大利面

4 牛肉煎蛋卷

1 炸菲力牛排

将各种各样的牛肉料理与炸菲力牛排一起装盘，像儿童套餐一样的成人午餐套餐。

❷ 肉酱意大利面

由于套餐整体分量较大，因此搭配了番茄口味的爽口肉酱。将牛肉馅慢慢煎烤上色，香气被激活了。与意大利面搭配，可以根据喜好撒上格拉纳帕达诺奶酪或帕尔玛奶酪。

材料（便于制作的量）

肉酱

牛肉馅…1千克

┌ 橄榄油…2小勺
A 盐…10克
└ 胡椒粉…适量

蒜末…2瓣的量

洋葱末…2个的量（600克）

胡萝卜碎…1根的量（250克）

番茄…800克

百里香…10枝

月桂叶…1片

┌ 橄榄油…2大勺
B
└ 黄油…30克

┌ 盐…1/4小勺
C
└ 胡椒粉…少许

红葡萄酒…200毫升

牛肉风味食用油*（P057）…2大勺

装盘

肉酱…约200克

意大利面（干面）…80克

盐…适量

* 可以用制作基础高汤时过滤出的油脂来代替牛肉风味食用油，或用橄榄油。

制作肉酱

1 平底锅中倒入材料A中的橄榄油加热，将牛肉馅平铺在锅中。保持这个状态不翻动，用中大火加热，撒盐和胡椒粉。不时铲动锅底部分的牛肉馅（图ⓐ），将牛肉馅煎至上色。

2 牛肉馅升温并出水后将水分烘干，进一步煎烤15分钟左右，充分上色（图ⓑ）。

3 将牛肉馅倒入滤网去除多余油脂（图ⓒ）。过滤出的油脂可以用在需要增添香味的其他料理中。

4 与步骤1~步骤3同时进行，在另一锅中倒入材料B，中火加热。散发出香气后加入蒜末、洋葱末和胡萝卜碎，撒上材料C，混合均匀。加入捆成束的百里香，盖上锅盖焖煮（图ⓓ）。

5 取下盖子，洋葱和蒜的辛辣味已经去除，蔬菜的甘甜味道浓缩后，散发出浓郁的香气。理想状态下，步骤1~步骤3和这一工序会在相同时间结束。

6 在步骤5的锅中放入去掉油脂的牛肉馅（图ⓔ）。

7 在步骤3中的空平底锅中倒入红葡萄酒，大火加热，煮沸后倒入牛肉馅中（图ⓕ）。

8 锅中加入碾压并过滤后的番茄和月桂叶（图ⓖⓗ），盖上锅盖，放入烤箱，250℃烘烤1~1.5小时。也可以用火直接炖煮。

9 淋入增添香味的牛肉风味食用油（图ⓘ）。也可以用步骤3中过滤出的油脂代替。

装盘

10 用平底锅加热肉酱，与煮熟的意大利面混合。使用煮面的汤和盐来调整味道。

❸ 牛肉烩饭

将乌兹别克斯坦等中亚国家广受欢迎的羊肉烩饭变成了牛肉烩饭。充分激活了和牛的香气，搭配泰国香米、小茴香和葡萄干，形成了具有异国风情的味道。

材料（便于制作的量）

尾根肉*…200克

A ⌈ 盐…2克（牛肉重量的1%）

　└ 胡椒粉…适量

黄油…30克

牛肉风味食用油*（P057）…2大勺

牛油（和牛）…30克

蒜末…1瓣的量

洋葱末…130克

胡萝卜小粒…60克

小茴香子…2小勺

葡萄干…30克

泰国香米…300克

超浓缩牛骨高汤（P056）…50克

盐…适量

---

* 尾根肉使用了青之岛的东京牛肉品牌黑毛和牛。
* 可以用制作基础高汤时过滤出的油脂来代替牛肉风味食用油，或用橄榄油。

1　将尾根肉切成适口小块，加入材料A。

2　锅中加入黄油和牛肉风味食用油，牛油略切小块并撒少许盐，放入锅中，放入牛肉，大火煎至上色（图ⓐ），散发出香味后取出牛肉。

3　锅中放入蒜末，香味散发出来后（图ⓑ）加入洋葱末、胡萝卜小粒，撒1撮盐，迅速混合翻炒后添加小茴香子（图ⓒ）。小茴香翻炒出香味后加入葡萄干和泰国香米（图ⓓ）。

4　使油包裹在米上（图ⓔ），加入400毫升水与超浓缩牛骨高汤（图ⓕ），撒1撮盐，将牛肉重新放入锅中（图ⓖ）。

5　盖上锅盖，煮沸后放入烤箱，200℃烘烤15分钟（图ⓗ）。也可以直接用火炖煮。

❹ 牛肉煎蛋卷

稍显复古的家庭版煎蛋卷，完成后并未使用番茄酱，而是添加了法式褐酱，制成了法式风味。在翻炒洋葱和肉馅时直接倒入鸡蛋液，不过餐厅中事先加入配料的做法也可以。

材料（便于制作的量）

牛肉馅…100克
A—盐…1克（牛肉重量的1%）
鸡蛋…3个
洋葱末…60克
橄榄油…1大勺
盐、胡椒粉…各适量
法式褐酱（P101）…适量

1　事先在牛肉馅中加入材料A的盐。鸡蛋打散后加盐和胡椒粉。

2　平底锅中倒入橄榄油加热，放入洋葱末和少许盐翻炒。充分翻炒至洋葱出水，加入牛肉馅进一步翻炒。撒胡椒粉。

3　加入鸡蛋液，整体混合搅拌，最后卷成煎蛋卷。

装盘

将牛肉煎蛋卷、肉酱意大利面、牛肉烩饭及炸菲力牛排（P059）盛入盘内。添加意大利香芹，牛肉煎蛋卷上加法式褐酱。

基础清汤

这里将以法国朴素的乡土料理开头，介绍咖喱与哈希牛肉（将肉切得很细再煮炖）等西式料理，盐腌牛肉、牛肉拌面与拉面等面食料理，以及需要用技术和时间来引出香味的炖煮料理。将牛肉用盐腌制一晚，加热去除多余水分，激发出醇香。调动出与牛肉一同炖煮的蔬菜的甘甜味道。在一口锅中，如何才能出色地捕捉逐渐变化的香气与味道？这里有基础的烹饪方法。

以从牛尾、牛筋和小牛骨中提炼出的牛肉基础高汤为基底，添加
肉馅和蔬菜后炖煮出的清澈汤汁。它浓缩了法国料理的精华，是
滋味醇香的奢华汤汁。一般情况下几乎不放蔬菜，这里我想要凸
显蔬菜的香气与甘甜，所以做成了更加复杂的味道。

材料（便于制作的量）

牛肉基础高汤（P054）…1升

牛肉馅…300克

蛋清…2个

A ┌ 洋葱末…1大个的量（300克）
  │ 胡萝卜碎…1根的量（180克）
  │ 西芹碎…1根的量（40克）
  └ 番茄碎…1个的量（200克）

盐…1/4小勺

1　牛肉馅中放入蛋清，用手充分混合搅拌。如制作更大分量可以使用搅拌器。

2　将牛肉馅放入装有材料A蔬菜的盆中，充分搅拌（图ⓐ）。

3　锅中加入牛肉基础高汤，加热至50℃左右（蛋清不会迅速凝固的程度）。

* 如在制作牛肉基础高汤时直接分离出基础清汤，需盛出所需分量并去除余温。

4　锅中加入步骤2的食材，用搅拌器搅拌，中火慢慢加热（图ⓑ）。

5　汤沸腾后撇掉浮沫（图ⓒ），在中心部分稍靠近锅边处挖一个洞（图ⓓ），这样可以促进对流，逐渐形成清澈的汤汁（图ⓔ）。使用令汤汁微微沸腾的火候加热1小时左右，汤汁还剩约2/3的量。

6　将厨房纸巾浸湿后使劲拧干，夹在2个过滤漏斗之间，将步骤5的汤汁用汤勺一点点倒进来，过滤（图ⓕ）。按压牛肉和蔬菜会使汤汁变混浊，只需让汤汁自然滴落即可。

7　加热过滤完成的汤汁，用盐调味。

蔬菜牛肉浓汤

使用的牛肉

在味道浓厚的美产牛胸肉上抹盐，放置一晚后使用。虽然这是较硬的部位，但十分适合炖煮。就算是长时间烹煮，也会留下牢固的纤维。

简单好做的蔬菜牛肉浓汤，仅仅是将抹盐并放置一晚的牛肉和韭葱一起慢慢炖煮。为了弥补味道的不足，加入了少许超浓缩牛骨高汤，但就算不使用，从牛胸肉当中也会渗出美味的肉汁。可以不使用烤箱，用火直接慢慢地加热。充分吸收汤汁的韭葱也很鲜美。

材料（便于制作的量）

牛胸肉…1千克

盐…13克（牛肉重量的1.3%）

韭葱…2棵

A
┌ 蒜（带皮）…2瓣
│ 白胡椒粒（装袋）…10粒
│ 百里香（用绳子捆住）…5枝
│ 月桂叶…1片
│ 超浓缩牛骨高汤*（P056）…100克
└ 粗盐（盖朗德盐）…1/4小勺

水…1升

装盘

粗盐（盖朗德盐）…适量

白胡椒（粗粒）…适量

意大利香芹…适量

第戎芥末酱…适量

* 没有超浓缩牛骨高汤时可以省去。

1　在牛胸肉上抹盐，在冰箱内放置一晚。用绳子捆住，不要让肉松垮。

2　韭葱分为绿色和白色两部分，纵向切一刀，并分别用绳子捆住。

3　锅中加入牛肉、韭葱、材料A的食材和水加热（图ⓐ）。汤汁沸腾后盖上纸锅盖（图ⓑ），用使汤汁微微沸腾的火候炖煮3小时以上。水的分量大致保持在淹没食材的程度。水分减少时，添加适量水（分量外）。

4　取出煮好的牛肉及韭葱（图ⓒ），拆掉绳子，切成适当大小。装入容器中并盛满汤汁，给牛肉切面处撒上粗盐和白胡椒，最后添加意大利香芹和芥末酱。

ⓐ

ⓑ

ⓒ

洋葱回锅牛肉

制作蔬菜牛肉浓汤剩余的牛肉再加上蔬菜，重新烹煮，就成了法国朴素的家庭料理。这里使用了大块切割的牛颊肉。与其他炖煮料理相比，虽然汤汁较少，但牛肉中增添了大量蔬菜，渗出的水分可以慢慢炖煮。软烂、甘甜的蔬菜与牛颊肉中的胶质互相融合，朴素而醇香，沁人心脾，味道堪称一绝。

材料（便于制作的量）

牛颊肉（块）…650克

盐…8克（牛肉重量的1.3%）

洋葱…400克

蒜（去皮）…1瓣

韭葱绿…150克

蘑菇…120克

A ┌ 番茄（去蒂）…500克
　│ 西式腌菜小块（小黄瓜）…300克
　│ 百里香（用绳子捆住）…5枝
　│ 月桂叶…1片
　│ 白胡椒粒（装袋）…1小勺
　│ 白葡萄酒…300毫升
　└ 超浓缩牛骨高汤（P056）…100克

黄油…30克

橄榄油…2大勺

龙蒿叶…少许

1　牛颊肉上涂满盐，在冰箱内放置一晚使其脱水，切成4等份。

2　锅中倒入橄榄油加热，放入牛肉煎烤（图ⓐ）。充分上色后（图ⓑ）取出。

3　锅中加入黄油、切成2厘米见方的洋葱块和蒜，加少许盐（分量外）翻炒。食材变软后加入切成2厘米见方的韭葱绿小块，略混合后盖锅盖，韭葱绿变软后加入蘑菇，混合搅拌。

4　加入牛肉（图ⓒ），放入材料A（图ⓓ），炖煮至汤汁沸腾后盖上锅盖，放入烤箱，200℃烤制两三个小时。也可以用火直接炖煮。

5　将炖煮完成的洋葱回锅牛肉（图ⓔ）装进陶制壶形容器中，撒上龙蒿叶。

罗宋汤

罗宋汤是用牛肉搭配甜菜做成的料理。甘香的甜菜、给人以温暖的肉汤，还有牛肉作为基底。不用加入其他食材，只是炖煮整个甜菜与整块牛颊肉，装盘时极简且雅致。原本它是用大锅制作的大分量料理，这里将这道古典菜变得更贴合潮流。

材料（便于制作的量）

牛颊肉（块）…500克

盐…7.5克（牛肉重量的1.5%）

甜菜（去皮）…1千克（约3个）

A
- 韭葱束…100克
- 蘑菇…10个
- 百里香…10枝
- 月桂叶…2片
- 茴香子…1撮
- 白胡椒粒（装袋）…10粒
- 超浓缩牛骨高汤*（P056）…100克

水…适量（约1.5升）

装盘

莳萝…适量

酸奶油…适量

* 没有超浓缩牛骨高汤时可以省去。

1　牛颊肉涂满盐，在冰箱内放置一晚，使其脱水。

2　锅中放入牛颊肉与甜菜。将材料A中的食材全部倒入，加入能没过食材的水后加热（图 **a**）。汤汁沸腾后撇去浮沫，盖上纸锅盖，小火炖煮约3.5小时。中途水分减少时可添加适量水。

3　取出炖煮完成后的牛肉与甜菜（图 **b**），切成较大块后装盘，盛满汤汁。最后添加切成细条的莳萝与酸奶油。

a　　　**b**

白汁炖牛肉

为柔嫩、甘甜的小牛肉增添黄油和奶油的味道。只是将面粉薄薄地裹在牛肉上，成品比预期更清淡，装盘时用蛋黄为酱汁增加浓度，希望大家记住这传统的做法。

使用的牛肉

选用法国产小牛的肋排肉。用盐腌制过的牛肉脱水后，漂亮的粉色中又增添了红色。相较于日本牛肉具有更强烈的奶香味，适合搭配黄油和奶油。如果用于炖煮，长时间加热后肉质变得柔软易散的牛肋排肉最为合适。

材料（便于制作的量）

小牛肋排肉（块）…2.7千克

盐…32克（牛肉重量的1.2%）

蒜（带皮）…1瓣

百里香*…20枝

月桂叶…1片

超浓缩牛骨高汤（P056）…100克

鲜奶油（乳脂含量47%）…400毫升

面粉…适量

黄油…50克

水…适量（约1.5升）

装盘

蛋黄…2个

┌ 胡萝卜块…适量

A 西芹块…适量

└ 四季豆丁…适量

* 百里香用韭葱皮卷住，再用绳子捆牢。

1　小牛肋排肉涂满盐，在冰箱内放置一晚，脱水（图**a**）。

2　将小牛肋排肉切成边长10厘米的块，拍上一层薄薄的面粉。平底锅中放黄油，小火加热，黄油化开后放入牛肉（图**b**）。

3　表面的面粉煎至上色后翻面（图**c**），注意不要煎煳。将牛肉放入滤网中滤油（图**d**）。

4　用厨房纸巾将残留在平底锅内的油脂擦除，加入适量水（分量外）涮一下（图**e**）。

5　锅中加入牛肉、蒜、百里香、月桂叶、超浓缩牛骨高汤，再倒入适量水，没过牛肉，加热（图**f**）。

6　汤汁沸腾后撇去浮沫，盖上纸锅盖，小火炖煮三四个小时。加热时间根据牛肉肉质及厚度而定，所以需要不时查看肉的状态，注意不要过度炖煮。

7　炖煮完成的牛肉取出来时注意不要弄散（图**g**）。香草已经完全激发出了香味。

8　将步骤7中的炖煮汤汁过滤到其他锅中（图**h**），残留的碎肉等固体放入搅拌机，打成泥。

9　加热炖煮汤汁，倒入鲜奶油（图**i**），将步骤8中的肉泥放入汤中（图**j**）。到这里操作基本已完成。将汤汁和牛肉分别保存。

10　上菜前进行最后加工。碗中倒入蛋黄，加入适量步骤9中的炖煮汤汁（约800毫升）搅拌（图**k**），再倒入小锅中，小火加热。用刮铲从底部搅拌混合，慢慢熬煮黏稠（图**l**）。过度加热会使蛋黄凝固，需要注意。待汤汁变成英式蛋奶酱的样子时，添加适量牛肉并加热。

11　烫焯材料A中的蔬菜后铺在盘子上，放入牛肉，添加酱汁。

法式褐酱

各种各样的酱汁是法式料理的灵魂。褐酱虽然是基础调味酱，但我认为现代的法式料理餐厅几乎没有能制作它的。因此，我将这个古典酱汁结合了时代潮流，按照自己的方式加以改良，使其凸显出蔬菜的鲜香与甘甜。一边烹调一边加入面粉，可以轻松完成。除了当作咖喱牛肉的基础酱汁使用，还可以将它进一步焦化，制作牛肉烩饭。原本不会单独使用，但是这里的法式褐酱用盐进行了调味，所以也可以当作煎蛋卷和油炸食物的酱汁。

材料（便于制作的量）

```
    ┌ 韭葱绿…60克
    │ 洋葱…250克
  A │
    │ 胡萝卜…130克
    └ 西芹…10克
```
蒜末…1瓣的量
面粉…30克
白葡萄酒…300毫升
```
    ┌ 番茄泥…400克
    │ 超浓缩牛骨高汤（P056）
  B │ …100克
    │ 百里香（用绳子捆住）…10枝
    └ 月桂叶…1片
```

黄油…30克
橄榄油*…2大勺
盐…1/4小勺

* 将材料 A 的蔬菜全部切成小块。
* 如果有牛肉风味食用油（P057）或制作高汤时渗出的油脂，可以代替橄榄油使用。

1　锅中放入黄油和橄榄油加热，放入蒜末炒出香味，然后放入材料A的食材，撒盐后将蔬菜铺平，加热。

2　蔬菜升温后翻炒出甘甜的香气。

3　加入面粉并搅拌，小火翻炒（图**ⓐ**），注意不要焦煳。

4　加入白葡萄酒，酒精挥发（图**ⓑ**）后加入材料B的食材（图**ⓒ**）。沸腾后调小火，炖煮30分钟左右（图**ⓓ**），过滤，用盐（分量外）调味。

ⓐ

ⓑ

ⓒ

ⓓ

牛肉咖喱

法式褐酱是欧式酱汁，由于没使用面粉，所以不会使胃产生负担。在马蒂·格拉斯餐厅，它和常备的蔬菜咖喱搭配，制成了优雅浓香中融入牛肉甘甜的酱汁。牛肉虽使用了边角肉，但100%的和牛肉也相当奢华。

材料（便于制作的量）

牛边角肉*…500克
盐…5.5克（牛肉重量的1.1%）
胡椒粉…适量
蘑菇片…100克
咖喱粉…1大勺

A ┌ 法式褐酱（P101）…300克
　├ 自制咖喱…300克
　├ 超浓缩牛骨高汤（P056）…200克
　└ 苹果酱*…1大勺

黄油…30克

装盘

米饭…适量
格拉纳帕达诺奶酪碎…适量
西式腌菜（小黄瓜）…适量
意大利香芹…适量

* 牛边角肉以和牛的尾根肉为主，混合了美产西冷和横膈膜肉。
* 可以用芒果酸辣酱等代替苹果酱。

自制咖喱（便于制作的量）

洋葱…400克
蒜…1瓣
姜…10克
胡萝卜…180克
西芹…20克
咖喱粉…1大勺
盐…1/2小勺
橄榄油…2大勺
水…500毫升

1　将蔬菜全部切碎。
2　锅中倒入橄榄油加热，放入步骤1的食材和盐，炒出水分。蔬菜变软后加入咖喱粉和水，炖煮至汤汁收干。

1　在牛边角肉中撒盐和胡椒粉（图ⓐ）。
2　锅中放入黄油加热，放入牛肉煎至上色（图ⓑ）。由于有大量油脂渗出，将牛肉用滤网沥油（图ⓒ）。再次将牛肉放回锅中，充分煎烤。

ⓐ　ⓑ　ⓒ

3   放入蘑菇片翻炒入味，添加咖喱粉搅拌（图**d**）。放入材料A搅拌（图**e** **f** **g** **h**），沸腾后转小火，盖上锅盖炖煮1小时（图**i**），也可以用烤箱加热。用盐（分量外）调整味道。

4   盘中盛入米饭，浇盖上咖喱，撒奶酪碎，搭配西式腌菜和意大利香芹。

香料咖喱

近些年颇具人气的香料咖喱被改成日式风味，我在斯里兰卡
品尝过，烧烤后的咖喱粉令人印象深刻，直接就能作为香辛
料来使用。乍一看是蔬菜咖喱，其实黑胡椒的辣味中叠加了
牛肉精华。完成后加入的赤砂糖让整体更加完美。

材料（便于制作的量）

　　┌ 洋葱碎…400克
　　│ 蒜末…1瓣的量
　A │ 姜末…10克
　　│ 胡萝卜碎…180克
　　└ 西芹碎…20克

　　┌ 黑胡椒粒…2大勺
　　│ 小茴香子…2大勺
　　│ 红辣椒…1根
　B │ 小豆蔻…4粒
　　│ 香菜籽…1小勺
　　│ 茴香子…1小勺
　　└ 芥末籽…1小勺

　超浓缩牛骨高汤（P056）…200克
　牛肉风味食用油*（P057）…6大勺
　赤砂糖…1~2小勺
　盐…适量

装盘

米饭…适量
小茴香粉…适量
莳萝…适量

* 也可以用橄榄油代替牛肉风味食用油。

1　锅中倒入2大勺牛肉风味食用油加热，放入材料A。撒1小撮盐，炒至食材变软且出水（图**ⓐ**）。

2　平底锅中放入材料B，中火干炒，注意不要炒焦煳。香辛料散发出香气后倒入4大勺牛肉风味食用油（图**ⓑ**）。香辛料隐约上色、芥末籽爆开时停止加热（图**ⓒ**），用搅拌机打成酱汁。

3　向步骤1的锅中加入步骤2的酱汁（图**ⓓ**），搅拌后倒入超浓缩牛骨高汤（图**ⓔ**），浸没食材，水分不够可以添加适量水。煮沸后盖上锅盖，放入烤箱，200℃烤制30分钟，或用火直接炖煮。

4　炖煮后汤汁几乎熬干（图**ⓕ**），用赤砂糖和盐调味。

5　盘内盛入米饭，浇盖咖喱。米饭上撒小茴香粉，添加莳萝。

牛肉烩饭

将P101介绍的法式褐酱食材从制作中途开始用烤箱慢慢烘烤后使用。这样的酱料与在西餐厅品尝到的多明格拉斯酱相比，采取了完全不同的方式烹调。在保留甘甜味道的同时，给略带苦味的酱汁增添了马德拉酒的芳香与和牛的醇香。黑可可的隐藏口味也是重点。成品味道虽很浓郁，也可以很爽快地入口。

法式褐酱（黑）
材料（便于制作的量）

法式褐酱的食材（P101）…全部
黑可可粉*…1大勺

* 黑可可粉比普通可可粉更黑，和竹炭一样，用于想要将食材染成乌黑色的时候。虽有苦味，但可可香并没有那么强烈。可以在烘焙材料商店购买。

1　按照P101的步骤1和步骤2操作，像步骤3那样加入面粉，搅拌后放入烤箱，250℃烤制45分钟。最开始每隔10分钟取出1次，搅拌一下，取出2次后每隔5分钟取出并搅拌，烤至颜色乌黑（图ⓐ）。

2　从烤箱中取出酱料，直接用火加热，倒入白葡萄酒煮沸，酒精挥发后（图ⓑ）加入材料B和黑可可粉（图ⓒ ⓓⓔ），沸腾后调小火，炖煮30分钟左右后过滤。

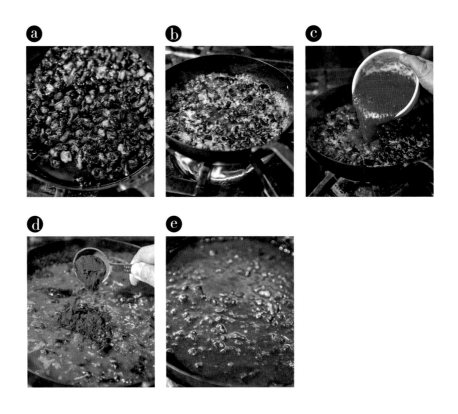

材料（便于制作的量）

牛边角肉（和牛尾根肉）…500克

盐…5克（牛肉重量的1%）

洋葱片…250克

蘑菇片…100克

马德拉酒…200毫升

A ┌ 超浓缩牛骨高汤（P056）…200克
　└ 法式褐酱（黑）…250克

黄油…30克

盐…1/2小勺

装盘

米饭…适量

豌豆…适量

1　将牛边角肉切薄片，撒盐（图 **f**）。

2　锅中放黄油加热，放入洋葱片和1/2小勺盐翻炒。盖上锅盖，充分炒至食材变成浅褐色并散发出甘甜味（图**g**）。

3　加入牛肉片和蘑菇片翻炒（图 **h**）。由于使用的是柔软且带有霜降纹理的和牛，翻炒片刻即可。

4　倒入马德拉酒，煮沸并在酒精挥发后加入材料A（图**i**），盖上锅盖，放入烤箱，一边观察一边200℃烤制1～1.5小时（图**j**）。也可以直接用火煮炖。

5　盘内盛入米饭，浇盖牛肉，撒上焯熟的豌豆。

牛肉拌面

牛肉拌面深受乌兹别克斯坦等中亚国家民众喜爱，也被称作拉面的起源。原本是用羊肉制作，也不加入汤汁。这里使用了牛边角肉和超浓缩牛骨高汤，口感比羊肉要清爽。搭配的面条需要每次手擀后再煮熟，很费工夫。如此朴素、质感十足的面条十分美味。

材料（便于制作的量）

牛边角肉*（和牛尾根肉）…500克

A
┌ 盐…5.5克（牛肉重量的1.1%）
└ 小茴香粉…1小勺

蒜…1瓣

洋葱…350克

甜椒（红色、黄色）…各1个

番茄…800克

超浓缩牛骨高汤（P056）…100克

橄榄油…3大勺

盐…适量

装盘

面条（P112）…适量

小茴香粉…适量

香菜…适量

* 牛边角肉中还包括美产西冷、牛横膈膜肉、牛心等。

1　将牛边角肉筋多的部分切薄，柔软的部分切大块（图ⓐ），涂抹材料A。

2　锅中放入2大勺橄榄油和切成两半的蒜，加热出香气后放入切成月牙形的洋葱和切大块的甜椒。加1/2小勺盐，充分翻炒出甜味后盛出。

3　锅中倒入1大勺橄榄油加热，放入牛肉煎烤（图ⓑ）上色后加入步骤2的食材（图ⓒ），添加碾碎并过滤的番茄和超浓缩牛骨高汤（图ⓓⓔ）。稍加盐入味，沸腾后盖上锅盖，放入烤箱，200℃烤制1小时。也可以直接用火炖煮。

4　加入煮熟的面条，加小茴香粉，充分混合。

5　盛盘，撒香菜和小茴香粉。

牛肉拌面的面条

在当地，厨师双手捏住面条两端，拉伸、拍打的同时能将面条延伸到令人惊讶的长度。但这需要熟练的技术，我们是用双手搓揉的，尽管有些粗鲁，但酱汁会很好地裹在上面。

材料（便于制作的量）

中筋面粉（乌冬用面粉）…300克
盐…12克
水…140毫升
淀粉…适量

1　用搅拌机将中筋面粉、盐和水混合搅拌，制成面团。静置，注意不要使其变干燥。

2　面团中加入淀粉，用擀面杖擀压至3毫米左右厚，折叠后切成1厘米宽的面条。

3　双手揉搓、拉抻面条（图**a****b**）。

4　水煮沸后，将面条煮20分钟。过水可以使面条更筋道。

牛肉拉面

制作牛肉拉面的过程十分有意思，偶尔我也会在店内提供这道料理。在使用牛肉的情况下，单纯加入超浓缩牛骨高汤，汤的味道会过于浓厚，不适合与面条搭配。因此我使用了猪骨、母鸡肉、蔬菜与熬制2天才得到的澄澈汤汁相搭配。此外，还用散发着茴香香气的牛颊肉叉烧汤汁、炒过的韭葱、生火腿来增添风味。以法式料理的技法为基础，烹调出一碗像是在香港小巷内品尝到的面条。

材料（便于制作的量）

牛颊肉叉烧

牛颊肉（块）…500克

盐…7.5克（牛肉重量的1.5%）

A
- 蒜片…1瓣的量
- 姜片…10克
- 肉桂…1根
- 茴香…3个
- 赤砂糖…6大勺
- 酱油…100毫升
- 水…600毫升

猪骨母鸡肉高汤

猪骨…3根

B
- 母鸡肉…2千克
- 去皮洋葱…3个
- 蒜（横切）…2头
- 姜片…10克
- 大葱段…1根
- 胡萝卜…1根
- 苹果…1个

装盘

超浓缩牛骨高汤（P056）…200克

猪骨母鸡肉高汤…800毫升

韭葱…100克

生火腿碎（伊比利亚贝洛塔火腿）…40克

牛颊肉叉烧的汤汁…1大勺

淡味酱油…1~1½小勺

牛肉风味食用油*（P057）…3大勺

中式拉面…适量

牛颊肉叉烧…适量

香葱…适量

* 没有牛肉风味食用油，可以使用胡麻油等
其他优质植物油代替。

牛颊肉叉烧

1　牛颊肉抹盐后在冰箱放置一晚，放入蒸锅，使火力柔和地渗透到牛肉中心。

2　锅中放入材料A的全部食材，煮沸后趁牛肉还热时放入其中，冷却（图 **ⓐ**）。

猪骨母鸡肉高汤

3　在圆筒形深底锅中放入全部食材，倒水没过全部食材，开火加热。

4　水沸腾后转小火，撇除浮沫，让汤表面微微沸腾（图 **ⓑ**），慢熬2天。熬煮至只剩七成汤汁，猪骨、母鸡肉、蔬菜的精华完全融入汤中（图 **ⓒ**）。

* 使用时过滤出必要的量。

装盘

5　将超浓缩牛骨高汤、猪骨母鸡肉高汤在锅内混合并加热。

6　平底锅中倒入2大勺牛肉风味食用油并加热，炒香韭葱和生火腿碎，加入步骤5的汤汁，小火炖煮10分钟左右，令汤汁入味。

7　最后完成时添加牛颊肉叉烧的汤汁、1大勺牛肉风味食用油、淡味酱油（图 **ⓓ ⓔ**）。淡味酱油的量要根据咸淡调整。

8　将步骤7中的汤汁过滤到大碗中，加入煮熟的拉面，添加切片的牛颊肉叉烧和切段的香葱。

盐腌牛肉

将涂满盐和香辛料、放置了一周的盐腌牛肉再次慢慢花时间炖煮，甘醇浓郁的牛肉增添了犹如五香熏肉般的香气和纯正的咸味。由于容易变干柴，可以混入炖煮汤汁里的油脂。

使用的牛肉

使用了美产牛胸肉。虽然是肩胛骨内侧的坚硬部位，但却能让人享受到浓郁的口感。纤维较粗且连接紧密，最适合做盐腌牛肉这种需要分解后食用的料理。

材料（便于制作的量）

牛胸肉（块）…1.7千克
盐…28克（牛肉重量的1.7%）

A ┌ 洋葱…1个
  │ 蒜…1瓣
  │ 迷迭香…2枝
  │ 丁香…5粒
  └ 小茴香子…1小勺

B ┌ 黑胡椒粒…1小勺
  │ 红辣椒…1根
  │ 丁香…3粒
  │ 小茴香子…1大勺
  └ 牙买加胡椒…1/2小勺
蒜（去皮）…10瓣
粗盐（盖朗德盐）…约1小勺
水…适量（约1升）

装盘

法式乡村面包…适量
西式腌菜（小黄瓜）…适量
胡椒粉…适量

* 将材料B的香辛料全部装进袋（汤汁专用袋）中。

1　牛胸肉抹盐，摆放上材料A的食材（洋葱横向切成3片，蒜横切成两半）并装进真空袋内（图**ⓐⓑ**），放入冰箱腌渍一周。

2　一周后（图**ⓒ**）。去掉表面气味已经充分挥发的蔬菜、香草和香辛料（图**ⓓ**）。

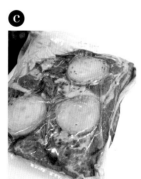

3　锅内放入牛胸肉、材料B和蒜，倒水没过所有食材后大火加热（图**e**）。水沸腾后转小火，撇除浮沫（图**f**）。注意不要去掉漂浮的油脂。

4　涂抹在牛胸肉上的盐会渗入汤汁里，可以再加入1小勺粗盐（图**g**）。放入烤箱，200℃烘烤或用火直接炖煮3小时。

5　冷却后将牛肉取出并撕碎（图**h i j**）。由于牛肉纤维较长，可以适当切割，加入适量漂浮在汤汁表面的油脂，使其湿润（图**k l**）。

6　盘中盛入法式乡村面包和盐腌牛肉，撒胡椒粉，添加西式腌菜。

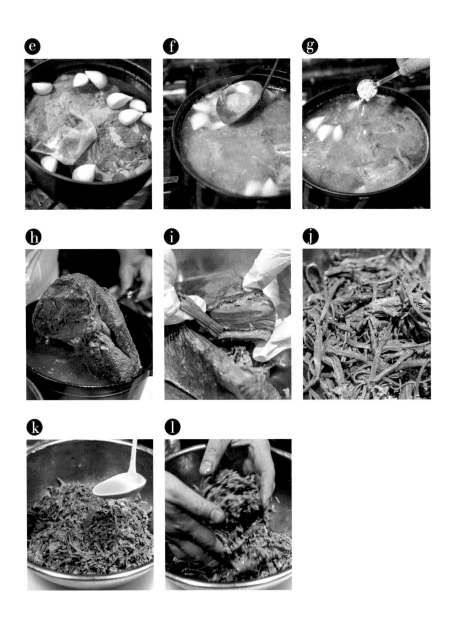

牛肉风味冰淇淋

写这本书时我考虑了各种各样的牛肉料理菜单，能不能制作出什么甜点呢？结果我就设计出了这款牛肉风味冰淇淋。首先要制作使用了超浓缩牛骨高汤和柑橘果汁的法式焦糖醋酱，将其混合进冰淇淋内。入口的瞬间会令人感叹，"啊，里面竟含有牛肉汤"。虽然看起来很朴素，但通过牛肉汤和牛奶共同作用，呈现出了牛肉的特点，口味极佳。

材料（便于制作的量）

A ┌ 牛奶…250毫升
  │ 鲜奶油…110毫升
  │ 蛋黄…4个
  │ 赤砂糖…100克
  └ 柑曼怡力娇酒…3大勺

法式焦糖醋酱

赤砂糖…130克
柑橘果汁*…150毫升
超浓缩牛骨高汤（P056）…50克

* 柑橘果汁适合用浓缩果汁，而不是鲜榨果汁。

1　制作法式焦糖醋酱。锅内放入80克赤砂糖，加热使其焦糖化。

2　赤砂糖充分焦糖化后倒入柑橘果汁，混合后加入超浓缩牛骨高汤，熬煮一两分钟后加入剩余赤砂糖。

3　制作冰淇淋。向奶油分离器内加入材料A，分离出冰淇淋基底后添加3大勺法式焦糖醋酱，混合。

4　舀出冰淇淋并盛盘，淋适量法式焦糖醋酱。

在我所掌握的法式料理基础做法当中，没有使用
牛肉片。就算是在店内每日的工作当中，也没有
收集牛肉块去烹调过什么料理。只是，让我自己
来烹调这些肉会怎样呢？我尝试着引用各国的料
理技法、精髓，将它设计成了我自己风格的料理。

肉料理店的套餐

和牛和酱油的搭配不必多说。只是，过于凸显酱油的存在，会使料理与日式牛肉火锅和照烧料理雷同。因此，要使用不增添甜味、以超浓缩牛骨高汤的浓郁美味制成的酱油汁，自始至终按照法式风格烹调。吃牛肉时也要充分摄入蔬菜，基于这种想法，我添加了大量的腌泡蔬菜丝，制作出这样的套餐。

材料（便于制作的量）

牛眼肉片（黑毛和牛）···150克
盐···1.2克（牛肉重量的0.8%）
胡椒粉···适量
酱油汁（P068）···25毫升
黄油···15克

配菜
5种腌泡蔬菜丝（P123）···各适量

1   将牛眼肉片展开，撒盐和胡椒粉。
2   平底锅加热后放黄油，放入牛肉片，不要重叠。
3   不翻动，煎烤牛肉片（图**a**）至肉片收缩且上色、出香味时加入酱油汁（图**b**），将牛肉片卷起，盛出（图**cd**）。

装盘
4   将牛肉片与5种腌泡蔬菜丝一同盛盘。

a　**b**　**c**　**d**

肉料理店的套餐配菜（5种腌泡蔬菜丝）

胡萝卜
材料（便于制作的量）

胡萝卜丝…150克
盐…1/4小勺
细砂糖…1/4小勺
白胡椒粉…少许
雪利醋…1大勺
意大利香芹碎…适量
葵花籽油…2大勺

将所有食材放入搅拌盆中，
充分拌匀。

紫甘蓝
材料（便于制作的量）

紫甘蓝丝…150克
盐…1/4小勺
白胡椒粉…少许
茴香粉…少许
莳萝碎…3~4根的量
蛋黄酱…4大勺

将所有食材放入搅拌盆中，
充分拌匀。

西芹根
材料（便于制作的量）

西芹根丝…150克
盐…1/4小勺
白胡椒粉…少许
小茴香粉…少许
柠檬果汁…1小勺
蛋黄酱…4大勺

将所有食材放入搅拌盆中，
充分拌匀。

四季豆
材料（便于制作的量）

四季豆…80克
盐…1小撮
白胡椒粉…少许
香葱末…1小勺
雪利醋…1小勺
核桃油…2小勺

四季豆去尖，无须刀切，焯熟后放
入搅拌盆中，加入其他食材并拌匀。

土豆
材料（便于制作的量）

土豆…300克
盐…1/2小勺
白胡椒粉…少许
细砂糖…1/4小勺
雪利醋…1/4小勺
橄榄油…1/4小勺
第戎芥末酱…1大勺

蛋黄酱…5~6大勺
刺山柑…20粒
填馅橄榄（含辣椒粉）…6粒

土豆烫煮后去皮，放入搅拌盆中，
略捣碎，放入所有调味料、刺山柑
和切成两半的填馅橄榄。

迷迭香烤牛肉串

在葡萄牙，人们将肉类、海鲜的串烧称为葡式肉串。这里我加以创新，用迷迭香枝代替了扦子。和牛的香气添加了迷迭香清爽的芬芳，马德拉酒的味道虽很朴素，却形成了别致的口感。用平底锅一口气煎烤完成，如果用炭火烤也可以。

材料（8串）

牛眼肉片（涮肉用，黑毛和牛）…8片（1片35克左右）

迷迭香…16枝

盐…牛肉重量的0.8%

胡椒粉…适量

面粉…适量

马德拉酒…少许

橄榄油…1大勺

黑胡椒碎…适量

1 将牛眼肉片展开，在每片肉的一端放2枝迷迭香，将牛肉片卷起，迷迭香露出来（图ⓐ）。

2 在牛肉串上撒盐和胡椒粉，拍打一层薄薄的面粉。

3 平底锅中加橄榄油，加热至隐约冒烟时，摆入牛肉串（图ⓑ）。

4 煎烤至底部上色后用较长的铲子迅速翻面（图ⓒ），淋马德拉酒（图ⓓ），使酒精挥发，关火。

5 盛出后撒黑胡椒碎。

波特酒酱牛肉饼

将涮肉用的薄切牛肉片装进圆形模具后烹制，酥脆且香气四溢，切开后中心留着少许红肉，口感柔软。比拍打牛肉制成肉馅牛排的制作方法更简便。为了增添风味，添加了牛油。如果是霜降纹理很多的牛肉，这一步省掉也没有影响。

材料（2片）

牛肩胛肉片（涮肉用，黑毛和牛）…350克
盐…2.8克（牛肉重量的0.8%）
胡椒粉…适量
洋葱丝…3克
橄榄油…3小勺
牛油块…少许
牛肉风味食用油*（P057）…适量

装盘

波特酒酱汁（P67）…适量
粗盐（盖朗德盐）…适量
黑胡椒碎…适量
水芹…适量

* 使用直径120毫米的圆形模具。
* 可以用橄榄油代替牛肉风味食用油。

1 将牛肉片展开，撒盐和胡椒粉后放洋葱丝，将橄榄油薄薄地抹在肉上。

2 在盘子上薄涂橄榄油，放上圆形模具，将一半的牛肉片填入模具（图❶），用刀尖在肉的表面扎出多个孔，填入牛油块（图❷）。

3 平底锅内抹一层薄薄的牛肉风味食用油，加热后放入步骤2的模具，填充了牛油的一面朝下，中火煎烤片刻（图❸），底部充分上色后，用铲子翻面（图❹）。

4 大火煎烤另一面（图❺）。牛肉中心应残留少许红肉，可以用铁扦确认。装盘后卸掉模具。

5 淋加热过的波特酒酱汁，撒粗盐、黑胡椒碎和水芹。

土耳其烤牛肉串

将马蒂·格拉斯餐厅中颇有人气的烤羊肉串用和牛来制作。制作羊肉时会添加小茴香，但它和牛肉却不怎么配，尤其是和牛。我认为要尽可能简单地烹制，充分体现出肉的醇香。这里使用了霜降纹理较多的肉，并用炭火烤出油脂，使用部位也可以根据个人喜好来定。

材料（1串）

牛肉厚片（烤牛肉串用，黑毛和牛）…280克
盐…2.2克（牛肉重量的0.8%）
胡椒粉…适量

A ┌ 蒜末…1/2瓣的量
  │ 第戎芥末酱…30克
  └ 酸奶（无糖）…20克

配菜

番茄块…适量

红洋葱丝…适量

意大利香芹碎…适量

香菜段…适量

漆树粉*…适量

* 漆树粉是在土耳其等地经常使用的香辛料，特征是有像红紫苏粉那样的清爽酸味。
* 烧旺炭火，在距离炭火30厘米左右的高度放置烧烤网，充分加热。也可以直接在灶台上放置烧烤网。

1　如果牛肉片较大，可以将边长切成四五厘米，撒盐和胡椒粉。

2　将材料A混合，薄薄地涂在牛肉的一面，然后将牛肉穿在烤肉串用的铁扦子上（图ⓐ）。

3　将肉串放在准备好炭火的烧烤网上（图ⓑ），烤至底部上色、散发香气时翻面。用大火在短时间内迅速烤制完成。

4　盛盘，将番茄块、红洋葱丝和意大利香芹碎拌匀，撒上漆树粉，添加香菜段。

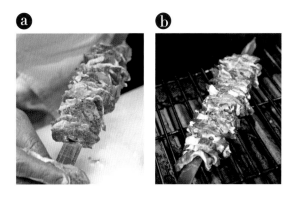

ⓐ　　　　ⓑ

斯特罗加诺夫牛肉饭

将烤牛肉串用的牛肉片迅速炖煮出锅，口感柔软。如果最后成品不想过于厚重，可以用少许葛粉勾薄芡。这比撒入面粉更轻薄，和米饭搭配也很合适。

材料（便于制作的量）

牛肉厚片（烤牛肉串用）…400克

A ┌ 盐…3.2克（牛肉重量的0.8%）
  └ 白胡椒粉…适量

洋葱薄片…200克

蘑菇（5毫米宽的细丝）…300克

百里香…3枝

超浓缩牛骨高汤（P056）…100克

酸奶油…200克

黄油…30克

葛粉…适量

盐、白胡椒粉…各适量

烩饭…适量

烩饭（便于制作的量）

大米…200克

洋葱碎…100克

B ┌ 青豌豆…50克
  │ 胡萝卜小粒…50克
  │ 芹菜根小粒…50克
  └ 四季豆丁…50克

黄油…30克

莳萝叶碎*…5克

盐…少许

* 去除莳萝的梗，备用。

锅中放入黄油加热，添加洋葱碎和少许盐翻炒，注意不要炒煳。洋葱变软后加入材料B，迅速翻炒，加入大米炒匀，加入莳萝的梗（材料外）和300毫升水，盖上锅盖。汤沸腾后将锅放入烤箱，200℃烤制15分钟，然后再蒸10分钟，加入莳萝叶碎，拌匀。

1　牛肉片上撒材料A的盐和白胡椒粉。

2　锅中放入黄油，小火加热化开后摆入牛肉片，加大火候，底面略上色后取出。

3　锅中放入洋葱，加1小勺盐和少许白胡椒粉，洋葱的水分与黄油相融合，洋葱变软后添加蘑菇。

4　蘑菇变软后加入牛肉片（图❹），加水没过食材（约1升），放入超浓缩牛骨高汤和百里香（图❺）。汤沸腾后调小火，盖上锅盖炖煮1小时。

5　1小时后添加酸奶油，使其溶于汤中（图❻）。葛粉用水溶解后勾芡（图❼），加盐调味。

6　将烩饭盛盘，浇上斯特罗加诺夫牛肉汁。

香煎小牛肉火腿片

准确来说，这里使用的既不是牛肉片也不是牛肉块，而是小牛的肉片，我很想品尝到拍打、伸展后的小牛肉片用大量黄油迅速煎炸后产生出的甘甜。虽然小牛肉也需要仔细加热，但这样薄的肉片只需要几分钟即可，用黄油煎制，香气扑鼻。过度煎制会使肉片萎缩，且咸味过重，因此迅速盛出很关键。为了让口感更丰富，配菜搭配了饱含藏红花的通心粉沙拉。

材料（1片）

小牛菲力…120克
盐…0.9克（牛肉重量的0.8%）
白胡椒粉…少许
生火腿…1片
鼠尾草叶…8~9小片
面粉…适量
黄油*…60克
白葡萄酒…50毫升
超浓缩牛骨高汤（P056）…10克

配菜

藏红花风味通心粉沙拉（后述）…适量
意大利香芹碎…适量

* 黄油分为50克和10克2份。

1　将小牛菲力用保鲜膜裹住，轻轻拍打、伸展，仅在一面上撒盐和白胡椒粉。

2　牛肉翻面，放鼠尾草叶，贴上生火腿。中间放1片较大的鼠尾草并用牙签固定（图ⓐ），薄薄地拍上面粉。

3　平底锅中放入50克黄油加热。黄油渐渐化开时，将牛肉没贴生火腿的一面朝下放入锅中，调大火力（图ⓑ）。

4　牛肉四周迅速变白，边缘部分变成茶色后翻面（图ⓒ），迅速煎制后盛出。

5　用厨房纸巾按压并擦去锅中残留的黄油，添加白葡萄酒。酒精挥发的同时与肉汁融合，熬煮至一半量时加入超浓缩牛骨高汤。添加10克黄油并转小火，摇动平底锅，酱汁变浓稠后用盐（分量外）调味。

6　盘中盛入藏红花风味通心粉沙拉，撒意大利香芹碎，拔掉牛肉上的牙签并盛盘，淋上步骤5中的酱汁。

藏红花风味通心粉沙拉（便于制作的量）

意大利面（短通心粉）…50克
藏红花蛋黄酱（后述）…约100克

用加盐的热水煮熟意大利面，冷却后与藏红花蛋黄酱拌匀。

藏红花蛋黄酱（便于制作的量）

A ┌ 蛋黄…1个
　│ 第戎芥末酱…3大勺
　│ 盐…1/4小勺
　└ 胡椒粉…少许

藏红花…1/2小勺
牛肉风味食用油*（P057）…200毫升

* 可以用葵花籽油、橄榄油代替牛肉风味食用油。

1　藏红花中倒入10毫升水，放进微波炉内稍加热变色。

2　在搅拌盆中加入材料A和步骤1的液体，搅匀后一点点添加牛肉风味食用油，用搅拌器搅拌，使其乳化。

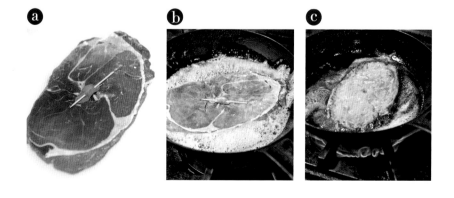

ⓐ　ⓑ　ⓒ

牛肉烘蛋饼

烘蛋饼不是用土豆，而是塞满了牛边角肉，成品的分量如同主食。由于想要呈现出一定高度，所以鸡蛋液要分2次来煎烤，相互贴合完成。火力不足时，冷却下来的蛋饼中心会塌陷，因此给鸡蛋充分加热并定形很关键。

材料（便于制作的量）

牛肉块*…150克

A ┌ 盐…1.5克（牛肉重量的1%）
 └ 胡椒粉…少许

鸡蛋…5个（净重250克）

盐…1/2小勺

洋葱片…100克

蒜末…1/2瓣的量

烟熏辣椒粉…1/4小勺

橄榄油…3大勺

* 使用直径16厘米的铁制平底锅。
* 牛肉块混合了美产牛西冷、牛横膈膜肉和牛肉馅。块较大时，可切成适口大小。

1　在牛肉块上撒材料A。搅拌盆中放入鸡蛋和盐，充分搅拌。

2　平底锅内放入1大勺橄榄油加热，翻炒洋葱片和蒜末。将炒软的洋葱拨到平底锅一侧，在空余处放牛肉，锅的温度升高后将洋葱和牛肉混合翻炒（图ⓐ）。

3　撒烟熏辣椒粉混合（图ⓑ），散发出香气后将锅中的食材盛出。

4　锅中加1大勺橄榄油加热，倒入一半鸡蛋液（图ⓒ），放入牛肉（图ⓓ）加热（图ⓔ）。

5　鸡蛋半熟时盖上盘子，翻面后取出。

6　锅中加1大勺橄榄油加热，倒入剩余鸡蛋液并搅拌，底部几乎定形后将牛肉饼顺着盘子滑入锅中（图ⓕⓖ）。

7　盖上铝箔纸（图ⓗ），放入烤箱，200℃烤制10分钟后翻面，再烤制10分钟。用扦子扎一下。静置，利用余温继续给牛肉烘蛋饼加热。

烤网油包肉

集合各部位的牛肉块，用网油包裹。如果有牛肾和牛心等内脏肉，稍
加混合会产生更加浓厚的口感。仅有牛肉块，成品会变得松散，可以
加入肉馅黏合。马德拉酒酱汁中加入小茴香，不仅可以消除牛肉的异
味，还能增添异国风情。

材料（2个）

牛肉块*…300克

牛肉馅…150克

盐…4.5克（牛肉重量的1%）

A ┌ 洋葱碎…50克
  │ 蒜末…少许
  │ 蘑菇碎…50克
  └ 牛至（干燥）…1/2小勺

网油*…2张

意大利香芹叶…2大片

橄榄油…1大勺

牛至…3枝

酱汁

马德拉酒…50毫升

超浓缩牛骨高汤（P056）…100克

黄油…15克

小茴香…2撮

盐…少许

* 牛肉块以美产牛西冷、牛横膈膜肉为基础，还加入了牛肾、牛心。比例按照个人喜好即可。加入牛肉馅后总重450克。
* 将每张网油切成边长20~25厘米的薄片。

1 将所有牛肉块粗略切碎。

2 搅拌盆中放入牛肉块、牛肉馅、盐和材料A（图**a**），用手混合拌匀。无须反复搅拌，混合均匀即可（图**b**）。

3 展开1张网油，中间放1片意大利香芹叶。将一半牛肉团成圆形放在上面，盖上网油并包裹好（图**c**
d）。另一半肉也同样操作。

4 平底锅内倒入橄榄油加热，将网油折叠处朝下放入锅中（图**e**）。随后立即将锅放入烤箱，200℃烤制20分钟（图**f**）。

5 将锅从烤箱中取出后放在火上加热。将网油包肉翻面，另一面也上色后在平底锅残留的油脂中加入牛至，用油淋出香味。将网油包肉和牛至一起取出，沥干油。

6 在用烤箱烤制网油包肉的同时制作酱汁。锅中倒入马德拉酒加热，酒精挥发后添加超浓缩牛骨高汤，熬煮至1/3左右的量。最后放入黄油化开并加入小茴香，加盐调味。

7 将网油包肉盛盘，放入牛至增香，淋上酱汁。

熏牛肉干

将牛臀尖肉结实的筋肉块用卤水腌制，然后烟熏，再在冰箱内放置数日，使其干燥，即可享受到接近火腿般细腻的口感，以及在口中扩散的香辛料味道。根据冰箱内环境不同，牛肉干燥的速度也不同，每天确认的同时，也要注意卫生状况。

材料（便于制作的量）

牛肉块*…500克

卤水

盐…45克

蜂蜜…55克

月桂叶…1片

黑胡椒粒…10粒

红椒粉…1/4小勺

克里奥尔香辛料*…适量

水…1升

蜂蜜（烟熏用）…适量

法式乡村面包…适量

莳萝…适量

* 将牛肉块中有粗硬筋的部分切成小块后再使用。
* 克里奥尔香辛料来自克里奥尔盐（P068）的材料，仅省去了盐。
* 根据个人喜好，我准备了30克烟熏木屑。

1　锅中加入全部卤水材料（图 ⓐ），煮沸后放凉。

2　将牛肉块（图 ⓑ）和卤水装进塑料袋或密封袋中（图 ⓒⓓ），抽真空后在冰箱内腌制3天。

3　倒出卤水，在牛肉上挂上吊钩，在冰箱内悬挂3天。

4　在烟熏设备中放好木屑，熏制牛肉（图 ⓔⓕ）。烟雾升起后转小火，在牛肉表面涂抹蜂蜜，熏制10分钟后翻面，再次涂抹蜂蜜（图 ⓖ），熏制10分钟。仅靠烟熏就可以将热度传送至牛肉内部，用铁扦扎一下确认熟度（图 ⓗ），火候不足时继续适当加热。

5　冷却后（图 ⓘ）再次挂上吊钩，在冰箱内悬挂1周（图 ⓙ）。

6　切薄片后盛盘，搭配法式乡村面包和莳萝。

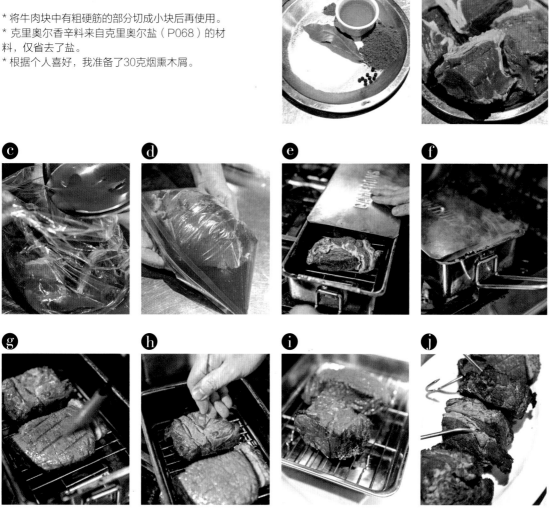

法吉塔

材料（便于制作的量）

牛肉块*…500克

盐…6克（牛肉重量的1.2%）

龙舌兰烧酒…20毫升

猪油…2大勺

墨西哥薄饼*（自制）…适量

猕猴桃萨尔萨青酱（P069）…适量

香菜…适量

* 牛肉块混合了美产牛西冷和牛横膈膜肉。
* 墨西哥薄饼是将玉米粉用水熬煮后用模具按压，再用猪油煎烤的自制料理。能够简单制作，也可以直接购买。由于成品容易干瘪，食用前要盖上餐布，然后就可以轻松而完美地包裹住馅料（图ⓐ）。

原本这道料理是将牛肉、洋葱和青椒等一起煎烤，再用墨西哥薄饼包裹食用。这里更加简单，仅用龙舌兰烧酒煎烤牛肉。玉米粉制作的墨西哥薄饼香味十足，搭配新鲜的萨尔萨青酱，虽很朴素却余味悠长，一吃就停不下来。

1　牛肉块切成适口大小，抹上盐。

2　平底锅中放入猪油加热，将牛肉铺在锅中煎烤（图ⓑ），底面上色后淋龙舌兰烧酒，加热使酒精挥发。牛肉颜色变白、底面充分上色后迅速翻面（图ⓒ），关火。

3　将墨西哥薄饼放入盘中，盛上牛肉，再添加猕猴桃萨尔萨青酱和香菜，卷起来食用。

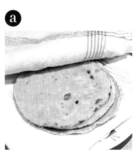
ⓐ

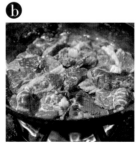
ⓑ

ⓒ

牛肉蘑菇派

将传统的法式料理改用牛肉块，像阿根廷饺子那样轻松捏制而成的一道小吃。牛肉的切法并不统一，主要在于享受口感。将法式蘑菇泥、炒洋葱、鳀鱼、黑橄榄等一点点地封入手工制作的千层酥皮内，成品虽然个头小，却很有饱腹感。

材料（9个）

牛肉填馅（便于制作的量）
牛肉块*（包括肉馅）…500克
盐…5克（牛肉重量的1%）

A ⌈ 普罗旺斯香草…1/4小勺
　└ 烟熏辣椒粉…1小勺

法式蘑菇泥（便于制作的量）
蘑菇…300克
香葱…30克
蒜…1/2瓣
黄油…40克
盐…1/4小勺

炒洋葱（便于制作的量）
洋葱片…150克
黄油…15克
盐…少许

鳀鱼（鱼脊肉）…3片
黑橄榄…9粒
千层酥皮（P144，直径98毫米的圆形模具）…
　9张
增色液*…适量

* 牛肉块以美产牛西冷、牛横膈膜肉为主，混合少许牛肉馅后总重量为500克。
* 牛肉填馅、法式蘑菇泥、炒洋葱可以适当调整制作的量（图❹）。
* 增色液是在1个蛋黄中加入少许水（或牛奶）制成的。

1　制作牛肉填馅。将牛肉块切成任意大小，与牛肉馅混合，加盐和材料A拌匀。

2　制作法式蘑菇泥。将蘑菇、香葱和蒜切成适当大小。用料理机先将香葱和蒜搅碎，然后加入蘑菇后搅碎。平底锅中放入黄油加热，放入搅拌好的蔬菜，撒盐，一边烘干一边翻炒成泥，冷却。

3　制作炒洋葱。平底锅内放入黄油加热，放洋葱片和盐翻炒至上色，冷却。

4　在千层酥皮中心放约20克牛肉填馅、3克法式蘑菇泥、3克炒洋葱、少许撕碎的鳀鱼、1颗切成两半并去子的黑橄榄（图**b**）。

5　将千层酥皮放在手上，用手指轻轻按压边缘并展开，在一半千层酥皮的边缘涂抹增色液，对折后包裹（图**c****d**）。

6　将两端捏紧（图**e**），用刷子在表面涂一层薄薄的增色液。由于迅速就会烤干，可以再涂一次（图**f**），然后放入烤箱，220℃烤制10分钟，降温至200℃后再烤10分钟。

千层酥皮

如果没有制作过传统料理，会错过很多掌握烹调技巧的机会，折叠千层酥皮就是其中之一。我相信亲身体会过的触感和温度，是任何东西都比不了的料理人的财富。

材料（便于制作的量）

水油皮
低筋面粉…500克
盐…3克
黄油*…100克
水…180毫升

油酥馅用黄油*…400克

* 将水油皮材料中的黄油切成小块，放入冰箱冷藏。
* 将油酥馅用黄油切成边长18厘米的薄片，放入冰箱冷藏。
* 使用直径98毫米的圆形模具。

1　制作水油皮。将低筋面粉和盐混合均匀，加入黄油，快速将材料混合，加水揉成面团，不要用力过度，在还有少量面粉残留的情况下，将面团用保鲜膜包起来，放入冰箱松弛1小时左右。

2　在案板上撒面粉（分量外），将水油皮用擀面杖向四周擀开，中间放入油酥馅用黄油。折叠起来，使黄油铺满水油皮（图ⓐⓑⓒ）。

3　撒面粉，用擀面杖将水油皮擀开（图ⓓ）。过度按压会使黄油露出，需要注意。

4　纵向擀开后折成3折（图ⓔⓕ），盖上保鲜膜，放入冰箱静置30分钟左右。

5　将步骤4的做法重复6次，制作出千层酥皮。将对折3次的千层酥皮向左右擀开。每次重复动作时，在千层酥皮边缘用手指按下印记，方便记录次数。

6　千层酥皮保持方形，第6次擀开后，切成3等份。用擀面杖将其中1片进一步擀开（图ⓖ），其余2片放入冰箱。

7　用擀面杖将千层酥皮卷起、翻面（图ⓗ），擀至约2毫米厚，用模具塑形（图ⓘ）后放入冰箱冷藏。1片千层酥皮约能制作9张牛肉蘑菇派的派皮。

奶酪烧烤酱汉堡

尽管使用的材料和汉堡牛肉饼没有很大区别，但肉馅粗细不同，其味道和口感会产生变化。与调味料和酱汁组合搭配，享受多种变化，这正是肉馅料理的乐趣。这里我使用了淡味香辛料，微甜的香料与辣味结合，能温和地衬托出肉馅的风味。

以粗绞肉馅为基础，增添和牛的脂肪，制作出饱含香气的牛肉饼，脂肪可以根据个人喜好增减。料理中并未加入鸡蛋等黏合物，而是通过菜刀拍打激发出黏性，这是关键点。可以利用模具塑形，也可以不用。煎烤至牛肉饼中心残留有红肉的程度，用奶酪和腌菜调味汁增添酸甜味，用控制甜度的自制布里欧修面包夹裹。波旁威士忌酒激发出烧烤酱汁的隐藏风味，让我格外珍惜。

材料（1个）

肉饼（便于制作的量，3片）
* 1个汉堡中使用1片。
牛肉馅（瘦肉，粗绞）…500克
牛油块（和牛脂肪）…150克
盐…7.8克（牛肉重量的1.2%）
胡椒粉…1克
洋葱碎…50克
蒜末…5克
牛肉风味食用油*（P057）…1大勺
埃曼塔尔奶酪…1片（80克）
腌菜调味汁*…2小勺
烧烤酱汁*（汉堡包用，后述）…适量
布里欧修面包（自制）…1个

* 可以用橄榄油代替牛肉风味食用油。
* 使用了购买的腌菜调味汁。如果有自制的，也可以使用。
* 每150克烧烤酱汁（汉堡包用）中混合了2大勺番茄酱。

烧烤酱汁（便于制作的量）
洋葱碎…300克
西芹碎…30克
蒜末…3瓣
番茄沙司…100克
番茄酱…200克
牙买加胡椒…1小勺
丁香粉…少许
波旁威士忌酒…50毫升
红糖…10克
橄榄油…1小勺
盐…1小勺

锅内放入橄榄油和蒜末，中火炒出香味后放入洋葱碎和西芹碎翻炒。食材变软后放入其他全部材料和100毫升水，炖煮15分钟左右后放凉。

肉饼

1 将牛肉馅和牛油块在案板上铺开，撒盐和胡椒粉，放洋葱碎和蒜末（图 **a**）。

2 用刀将牛肉馅拌匀并剁细（图 **b**）。

3 双手各拿一把刀，进一步将牛肉馅剁出黏度（图 **c**）。

4 将牛肉馅分成3等份，两手像抓球一样将其团成圆形。由于含有牛油，所以手上不用抹油（图 **d**）。

煎烤肉饼、混合奶酪

5 平底锅中倒入牛肉风味食用油加热，放入模具，将牛肉在模具中铺开，中间压出凹陷（图 **e**）。

6 用中火煎至肉饼底部和边缘定形，去掉模具继续煎。与牛肉风味食用油融合，散发出诱人的香味（图 **f**）。

7 肉饼上色后翻面。这时约五成熟（图 **g**）。

8 放入奶酪（图 **h**），盖上锅盖，小火煎至奶酪化开后，将腌菜调味汁淋在周围，用铁扦确认熟度。

装盘

9 加热布里欧修面包，从中间横向切开，在切面涂满温热的烧烤酱汁。里面放入做好的肉饼，再涂烧烤酱汁，放上布里欧修面包。

肉丸意大利面

肉丸使用了细绞牛肉馅，弹性十足。没有和酱汁一起炖煮，而是在完成后迅速混合，激发出牛肉的香味。在意大利泰拉莫地区有被称为肉丸意大利面原型的料理，我也做了参考，酱汁是法式料理的番茄酱汁，虽然甘甜，但并不腻，增添了培根和百里香的香气。与外观相反，可以品味到清爽的口感。

材料（便于制作的量）

牛肉丸

牛肉馅（细绞，图ⓐ）…600克

盐…7.2克（牛肉重量的1.2%）

洋葱末…100克

蒜末…5克

蛋黄…1个

肉豆蔻…少许

牙买加胡椒…少许

牛肉风味食用油（P057）…2大勺

番茄酱汁

番茄…400克

洋葱碎…100克

蒜…2瓣

红辣椒…1根

培根…1片

百里香…1根

牛肉风味食用油*（P057）…2大勺

盐…1小撮

意大利面（干面，意大利实心面）…200克

意大利香芹碎…适量

盐…适量

* 可以用橄榄油代替牛肉风味食用油。

牛肉丸

1　在搅拌盆中加入除牛肉风味食用油外的所有材料，用手混合搅拌。注意不要用力过大，混合即可。团成每个约30克的丸子。

2　平底锅中倒入牛肉风味食用油，摆放入牛肉丸，中高火煎上色后翻面，煎出香味（图❶❷）后取出，倒出煎烤时渗出的油脂。

番茄酱汁

3　在另一平底锅中加入牛肉风味食用油、横切成两半的蒜、去子红辣椒，加热出香气后放入洋葱碎（图❹），撒盐，充分加热。

4　洋葱渗出甜味后，为了增添香味，将培根整个放入其中，放入百里香迅速翻炒，散发出香气后加入碾碎并过滤的番茄（图❺），炖煮至食材充分混合（图❻）。

装盘

5　用盐水煮熟意大利面，倒入平底锅中，与番茄酱汁搅拌混合（图❼）。

6　锅中放入肉丸和倒出的油脂（图❽）。让肉丸裹上酱汁，品尝味道后用盐调味。

7　盛出后撒意大利香芹碎。

肉馅牛排

与餐厅菜单中的汉堡肉排相似，在原材料中混入少量牛肾，增添了内脏特有的风味。还加入了胡椒粉的香味，口感紧实。将它用低温慢慢炸，使肉汁充盈至整体，用铁扦确认熟度。由于好不容易得来的肉汁会流失，所以不能扎太多次。

材料（3个）

牛肉馅（粗绞）…480克

牛肾*…20克

A ┌ 盐…6克（牛肉重量的1.2%）
  │ 洋葱碎…100克
  │ 牙买加胡椒…2克
  └ 胡椒粉…2克

面粉…适量

蛋液*…适量

牛奶…少许

生面包粉…适量

煎炸用油…适量

配菜

菠菜…适量

* 牛肾不要太红，看上去泛白，味道会
更好（图**ⓐ**）。
* 可以用牛、猪、鸡的肝脏代替牛肾。
* 打好的蛋液里加入牛奶，充分混合均
匀（3个鸡蛋搭配2小勺牛奶）。

1　适当去除覆盖在牛肾周围的脂肪，将牛肾剁碎
（图**ⓑ**）。

2　搅拌盆中加入牛肉馅、剁好的牛肾和材料A，用
手混合均匀（图**ⓒⓓ**）。无须捶打，用手握住，感受
肉的颗粒感，整体混合抓匀（图**ⓔ**）后分成3等份（每
份约200克），团成稍有厚度的椭圆形肉排。

3　在肉排上薄薄地拍一层面粉，裹上蛋液，再粘上
生面包粉。

4　将肉排放入180℃的热油中。因为肉排比较松
软，最好放入漏勺中，慢慢没入油中（图**ⓕ**）。油炸
至表面定形后，将火调大。

5　将肉排在锅中间温度最低处炸，稍上色后翻面
（图**ⓖ**）。为了使肉汁充盈至整体，不时翻面，慢慢
煎炸。

6　油的气泡变小，油爆破的频率慢慢变快、变激
烈，这就是油炸完成的信号。用铁扦扎一下浮出的肉
排确认熟度，如果有透明的肉汁渗出，说明已经八九
成熟了。从油中捞出肉排（图**ⓗ**）。

7　盛盘，搭配菠菜。

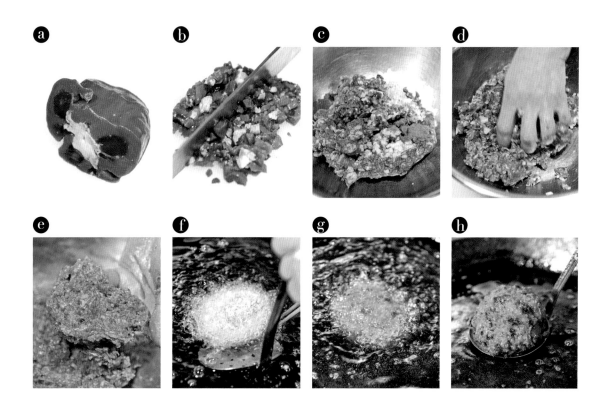

153

拓展及应用
6
牛肉馅

苏格兰蛋

苏格兰蛋并非油炸，而是煎烤而成的。牛肉经过二次绞碎，比汉堡肉更顺滑，与半熟的水煮蛋搭配非常和谐。在烤箱内迅速定形后，再放在火上煎烤上色，然后再次使用烤箱加热。搭配马德拉酱汁或红葡萄酒酱汁。

材料（2个）

牛肉馅（细绞）…400克

A
- 盐…4.8克（牛肉重量的1.2%）
- 洋葱末…50克
- 蒜末…5克
- 鸡蛋…1个
- 蛋黄…2个
- 肉桂粉…1克
- 胡椒粉…1克

水煮蛋*（半熟）…2个
牛肉风味食用油*（P057）…2大勺

装盘

土豆饼（后述）…1片
马德拉酱汁（P067）…适量

* 水煮蛋是将鸡蛋放进沸水中煮7分钟，再放入冰水中冷却。
* 可以用橄榄油代替牛肉风味食用油。

1　牛肉馅是将细绞肉馅再次绞细后制成的（图**ⓐⓑ**）。
2　搅拌盆中放入牛肉馅和材料A，用手充分混合。最好将盆放在冰水中操作。
3　将盆中的食材分成2等份（每份约250克），团成圆形后压扁，将水煮蛋包裹进去（图**ⓒ**）。以鸡蛋为中心团成圆形（图**ⓓ**）。
4　平底锅中倒入牛肉风味食用油，加热出香气后放入肉丸，然后放入烤箱，250℃烤制4分钟。
5　将锅从烤箱中取出，放在火上加热，肉丸充分上色后翻面，再次放入烤箱，200℃烤制7分钟。
6　盘内铺好土豆饼，放入苏格兰蛋，浇上温热的马德拉酱汁。

土豆饼

1　将1个土豆（150克）切丝，撒1/4小勺盐，出水后撒适量胡椒粉。
2　平底锅中放入15克黄油，铺入土豆丝煎烤。添加5克黄油烤香，翻面后再添加5克黄油。

ⓐ

ⓑ

ⓒ

ⓓ

千层面

与P086介绍的肉酱意大利面相同，重点在于牛肉馅的香味。为了使白酱和格吕耶尔奶酪相互重叠，并未添加番茄，完成了一道浓烈却简单的料理。千层面有两层，添加了大量酱汁，也可以根据喜好增加层数。

材料（便于制作的量）

炖牛肉馅

牛肉馅（中度绞碎）…500克

A ┌ 洋葱碎…150克
  │ 胡萝卜碎…100克
  │ 西芹碎…20克
  └ 蒜末…1瓣左右

红葡萄酒…550毫升

超浓缩牛骨高汤（P056）
　…10克

盐…1/2小勺

胡椒粉…适量

百里香…5~6枝

牛肉风味食用油（P057）
　…2大勺

装盘

炖牛肉馅（图❶）…200克

白酱（后述）…300克

格吕耶尔奶酪碎…100克

意大利面（意式千层用，干面）
　…适量

黄油…适量

炖牛肉馅

1　平底锅中添加1大勺牛肉风味食用油，加热后铺入牛肉馅。撒盐和胡椒粉，煎烤片刻。底面微焦后翻动，继续煎烤并一点点翻炒散。倒入滤网沥干油脂。将沥出的油脂保存，可以在增添风味等情况时使用。

2　锅中倒入红葡萄酒，加热至沸腾，酒精挥发。

3　与步骤2同时进行，另一锅内加入1大勺牛肉风味食用油，加热后放入材料A翻炒。食材变软后加入牛肉馅混合，再加入步骤2的红葡萄酒和超浓缩牛骨高汤。加热至沸腾后转小火，放入捆好的百里香，盖上锅盖，炖煮2小时左右。水分减少过多时可加水调整。用盐（分量外）和胡椒粉调味。

装盘

4　用盐水将意大利面煮熟。

5　在有一定深度的耐热盘中薄薄地涂抹一层黄油，铺上一半的炖牛肉馅，放上一半意大利面，依次铺上一半白酱、剩余的炖牛肉馅、一半奶酪碎（图❷）。之后再次放入意大利面，铺上剩余的白酱和奶酪碎（图❸❹），放入烤箱，250℃烤制20分钟。

白酱

材料（便于制作的量）

黄油…50克

面粉…50克

牛奶…500毫升

肉豆蔻…少许

盐…1/4小勺

1　锅内放入黄油加热，化开后加入面粉翻炒，注意不要炒煳。面粉味道消散，黄油的浓郁香气飘出后，一点点加入温热的牛奶，混合均匀。

2　加入全部牛奶，沸腾后添加肉豆蔻和盐，注意不要煮煳，去除面粉疙瘩。

❶

❷

❸

❹

拓展及应用
6
牛肉馅

意式牛肉水饺

这道料理使用了搅拌成糊的牛肉馅制作，由于肉馅不管如何处理都容易流失汁水，因而用鲜奶油和奶酪来弥补了浓厚的口感，并增添茴香的风味。面皮当然可以手工制作，只是为了不过分凸显面皮的存在，这里将现成的饺子皮轻轻擀开使用。酱汁十分简单，是添加了茴香的黄油。另外加入了橘皮与莳萝，尽享香味盛宴。

材料（便于制作的量）

牛肉馅（极细）…250克
盐…3克（牛肉重量的1.2%）
A ┌ 洋葱…50克
　└ 蒜…1/2瓣
B ┌ 鲜奶油…1大勺
　│ 格拉纳帕达诺奶酪丝…3克
　│ 茴香粉…1克
　└ 胡椒粉…少许
饺子皮…适量
茴香子…2小撮
黄油…50克
橘皮…适量
莳萝…适量

1　将牛肉馅搅拌成糊，放入材料A，再搅拌成酱。

2　搅拌盆中放入牛肉馅和材料B，迅速搅拌。

3　将步骤2中的食材填入裱花袋中，挤在饺子皮中央（图a，每个约10克）。面皮边缘抹上水后对折，封口，再将两端捏在一起（图bcde）。

4　水烧开后放盐，将饺子煮4分钟左右，捞出。

5　平底锅中放入黄油和茴香子，小火慢慢加热，直至焦化成酱汁。

6　将饺子盛盘，撒上橘皮，淋入酱汁，再撒上莳萝。

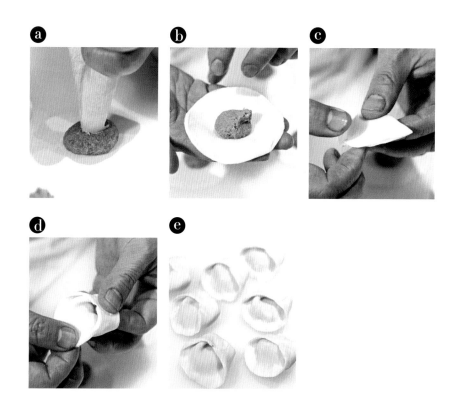

关于香辛料

我喜欢使用香辛料，马蒂·格拉斯餐厅每天也会在各种各样的料理中使用不同种类的香辛料。

法式料理中的香辛料大致可以分为淡味和浓味2种。淡味比较柔和，有一种甜甜的香气。浓味则如同一般所说的刺激性香料，有着强烈的气味。具体哪个香料属于哪一种类，我并不是全部清楚地了解，自己也是凭感觉来区分使用。实际上法式料理中使用的不过是肉桂、丁香、牙买加胡椒等淡味香辛料。当我想要赋予食物浓郁香气和特殊风味时，会采用不同的搭配组合方式，例如在汉堡中放入牙买加胡椒，在鲜汤中放入丁香，在冰淇淋中放入肉桂。

另一方面，在位于加勒比海的法国海外省马提尼克岛，以及摩洛哥和突尼斯等地，浓味香辛料在备受欢迎的菜肴当中必不可少。

与以咖喱为代表的亚洲料理不同，即使法餐中用到大量的香辛料，也能用汤汁的甘甜来加以平衡。话虽如此，少量使用香辛料增添风味，对法餐来说相当重要。

我调和多种香料的做法，是先将想要混合的香辛料全部按照相同的比例排列开来，然后添加想要增强风味的香辛料，减少不想突出的香辛料。因为不想太辣，我只放入极少量的辣椒粉。在法国当地并不太考虑香辛料的复合使用方法，因而调和时，人们会产生"到底是加勒比风味？非洲风味？还是印度或斯里兰卡风味"的疑问。我会一边考虑国家或料理，一边思考属于自己风格的混合香辛料。

熏牛肉（P078）的香辛料

香葱酱牛膈肌肉排

本书虽然介绍的是牛肉料理，但是最后我还想要介绍一下本人最喜欢的牛杂料理。处理牛杂大多需要费些功夫，所以这里我主要选取了牛膈肌、小牛胸腺、牛尾、牛舌、牛肚、牛心等相对来说容易利用、便于制作的部位。

1　去除牛膈肌中多余的筋，恢复室温后涂抹材料A，静置片刻，使其入味。

2　平底锅中倒入橄榄油，中火加热，放入牛膈肌（图）。由于它和西冷、菲力形状不同且厚度不均匀，最好用双手按压、调整形状后再入锅。煎烤片刻，底部边缘泛白后转小火（图）。

3　根据牛膈肌形状煎烤，这里煎制了三面。一面煎4分钟左右，底部完全上色后，将侧面朝下，肉贴住锅壁，转中火。

牛膈肌搭配香葱酱在法国料理中是固定的组合，香气浓厚、有一定嚼劲的牛肉本身就很美味，在此之上，添加了香葱的味道。仅仅如此，就令简单的料理衍生出了深厚的内涵。

材料（便于制作的量）

牛膈肌*…300克

A 「 盐…3.6克（牛膈肌重量的1.2%）
　└ 胡椒粉…适量

香葱碎…100克

意大利香芹丝…10枝的量

盐…少许

胡椒粉…适量

黄油…15克

橄榄油…1大勺

粗盐（盖朗德盐）…适量

黑胡椒碎…适量

配菜

炸薯条…适量

* 使用美产牛的牛膈肌，这是靠近横膈膜的肋骨部分，属于肉质较厚的部位，与一般的横膈膜肉有所区别。味道浓郁，脂肪很少，吃起来口感清淡。

观察牛肉切面的边缘，使其均匀上色（图**c**）。侧面面积较小，先烤制2分钟左右，温度上升并轻微冒烟后转小火，再煎烤1分钟左右。

4　将最后一面朝下，用同样的火候煎烤。加入黄油化开（图**d**），慢慢浇淋黄油直至肉质呈现弹性，继续煎烤5分钟左右（图**e**），底面渐渐上色。

5　用铁扦扎一下确认熟度，盛盘，在温暖处静置，静置时间与煎烤时间几乎相同（图**f**）。

6　锅中加入香葱碎和少许盐（图**g**），小火轻轻翻炒，使锅内残留的香气及油脂与香葱混合。食材变软后加入意大利香芹丝和胡椒粉，添加步骤5中盘内的汁水，令味道融合。

7　将还微微温热的牛肉放入烤箱加热几分钟，切块，盛盘。在切面上淋酱汁，撒上粗盐和黑胡椒碎，搭配炸薯条。

雪利醋香煎小牛胸腺

刚踏入料理界时，我在法国初次尝到了香煎小牛胸腺，当时它给我留下了深刻的印象，因而我创作出了这道料理。虽然也有烫焯后去除表面薄膜的做法，但我认为一旦过度处理，味道就会有损失，所以我并没有这样做。这里使用了由带有甜味的佩德罗·希梅内斯葡萄制作的雪利醋，与黄油浓郁的香味搭配，形成了奢华的口感。

材料（便于制作的量）

小牛胸腺*…300克

┌ 盐…3克（小牛胸腺重量的1%）
A
└ 白胡椒粉…适量

面粉…适量

香葱碎…50克

龙蒿叶细条…5片的量

雪利醋…100毫升

超浓缩牛骨高汤（P056）…50克

黄油…125克

盐…1小撮

配菜

使用简单油醋汁拌匀的叶片蔬菜沙
　拉…适量

* 使用和牛小牛胸腺。现在相比从前更
容易得到品质较好的牛肉，与欧洲牛
肉相比，它喷鼻的奶香味更淡，表面
的薄膜更薄。

1　在小牛胸腺上涂抹材料A，轻轻拍打上面粉。

2　平底锅内加入80克黄油，小火加热化开后放入小牛胸腺（图ⓐ）。中火加热，黄油变澄清后浇淋在小牛胸腺上（图ⓑ）。此时，黄油仍是黄色。

3　黄油变成慕斯状后继续浇淋（图ⓒ），面粉和黄油调和而成的香气变得像饼干的味道，一边确认香气一边加热。

4　上色后将小牛胸腺翻面（图ⓓ）。小火加热，继续浇淋黄油（图ⓔ）。此时黄油变得焦黄，香气由饼干味变得像松糕或费南雪的味道。使令汁水微微沸腾的火候加热，理想状态是在避免焦煳的情况下烤出香气，肉约七分熟。

5　黄油慕斯消失、肉质松散后用铁扦扎一下确认熟度。一下子就能扎进去的情况下，将小牛胸腺取出，放置在温暖处（图ⓕ）。

6　倒掉平底锅内残留的黄油，用厨房纸巾擦除多余油脂。放入30克黄油，小火化开。添加香葱碎和1小撮盐，轻轻翻炒。食材变软后加入雪利醋（图ⓖ），大火加热，让酸味稍微挥发，再加入超浓缩牛骨高汤，炖煮至一半的量。芡汁黏稠后关火，添加15克黄油和龙蒿叶细条。

7　将小牛胸腺切片后盛盘，淋上酱汁，添加配菜。

拓展及应用
7
牛杂

番茄炖牛尾

毋庸置疑，从骨头上剥离下来的牛肉极其美味。同时，那融入了蔬菜甘甜与芳香的番茄酱汁比任何东西都要珍贵。我利用意大利面来沾裹它，想要尽享它的味道。将牛尾充分煎烤后去除多余油脂，关键点在于将成品冷却，清理掉全部浮出的油脂。

材料（便于制作的量）

牛尾*…1.5千克

盐…22克（牛尾重量的1.5%）

A ┌ 洋葱碎…400克
  │ 蒜末…1瓣的量
  │ 胡萝卜碎…200克
  │ 西芹碎…40克
  └ 盐…1/2小勺

B ┌ 超浓缩牛骨高汤（P056）…100克
  │ 白葡萄酒（酒精挥发）…100毫升
  └ 番茄碎…800克

C ┌ 百里香（用绳子捆住）…3枝
  │ 月桂叶…1片
  └ 西芹茎*…4根

橄榄油…2大勺

装盘

意大利面（中短通心粉）…适量

意大利香芹碎…适量

---

* 使用美产牛牛尾。肉紧实且脂肪多，是熬取高汤用的食材，十分美味。在慢慢炖煮的料理中能散发魅力。
* 西芹茎去筋后切成两半。

1 将牛尾切成七八厘米厚的圆片，涂满盐，在冰箱放置一晚。

2 在锅中摆入牛尾煎烤（图 **a**）。牛尾会渗出油脂，可以不额外添加油。两面充分煎烤后（图 **b**）取出，将锅内剩余的油脂倒在容器里。

* 油脂具有甘甜味道，不要丢弃，可以在其他料理中使用。

3 锅中倒入橄榄油加热散发出香气后加入材料A的蔬菜，撒盐。

4 蔬菜变软后放入牛尾（图 **c**）。为了防止煮烂，要将锅的缝隙填满，摆放紧实。

5 加入材料B（图 **d**），混合入味后加入材料C，开大火，汤汁沸腾后盖上锅盖，放入烤箱，200℃加热2小时。也可以直接放在火上炖煮。

6 取出冷却，去除浮在表面的油脂后再次加热。

7 将适量汤汁倒进其他锅内加热，和用盐水煮熟的意大利面拌匀，盛入盘中。放入牛尾，淋上酱汁，撒意大利香芹碎。

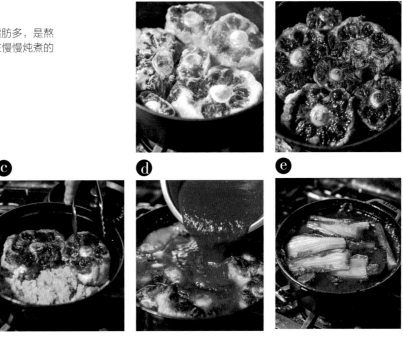

香炖牛舌

这道料理带来鲜香的同时，并未令人感到厚重，而是清爽的感觉。很适合搭配酒和面包，做成具有现代感的香炖牛舌。虽然使用面粉包裹，但只控制在最低的量，同时倒入了大量的红宝石波特酒、红葡萄酒和马德拉酒，成品尽显奢华。为了防止牛舌不入味，要在生的时候剥皮。

材料（便于制作的量）

牛舌*（处理后，包含舌下部分）…1.2千克

盐…15克（牛舌重量的1.3%）

A
┌ 洋葱碎…250克
│ 蒜碎…1瓣的量
│ 胡萝卜碎…130克
└ 西芹碎…10克

B
┌ 盐…少许
└ 面粉…30克

C
┌ 红葡萄酒…300毫升
│ 马德拉酒…100毫升
│ 波特酒（红宝石）…300毫升
└ 超浓缩牛骨高汤（P056）…100克

月桂叶…1片

黄油…30克

橄榄油…4大勺

配菜

芝麻菜…少许

* 使用美产牛的牛舌。牛舌从柔软的舌根开始，越向舌尖口感越紧实。
* 切掉牛舌的舌尖部位，在生的状态下去皮，切掉舌根部位，清理剩余的筋。舌根和处理过的牛舌一起煎烤，舌尖则在炖煮时加入。

1　在牛舌上涂满盐，放入冰箱静置一晚。

2　锅中倒入2大勺橄榄油加热，放入牛舌（图ⓐ），煎烤两面（图ⓑ）。可以不像牛尾那样充分煎烤。取出（图ⓒ），用厨房纸巾擦去锅内残留的油脂。

3　锅中放入2大勺橄榄油和黄油，加入材料A。撒入材料B中的盐，蔬菜渗出甘甜味后加入面粉翻炒。

4　将牛舌放在蔬菜上（图ⓓ），加入材料C（图ⓔ）。将事先切掉的舌尖放入其中，汤汁无法浸没所有食材的话可加适量水。开大火煮沸，令酒精挥发。

5　盖上锅盖，放入烤箱，200℃炖煮2小时。

6　盛盘后搭配芝麻菜。

ⓐ

ⓑ

ⓒ

ⓓ

ⓔ

脆皮牛肚

这道料理虽然和镶牛肚很像，却并未裹面包屑，而是直接将事先焯水的牛肚烤制而成。蜂巢状的表面被烤得喷香且脆嫩，黄油调味酱香气四溢，还增添了新鲜的香草气味。

材料（便于制作的量）

牛肚*（后述）…250克
盐…适量
白胡椒粉…适量
面粉…适量
百里香…4～5枝
黄油…30克
橄榄油…3大勺

装盘

黄油调味酱（后述）…适量
柠檬…适量

* 使用和牛的牛肚。牛的第二个胃，在日本被称为蜂巢牛肚。将其与香味蔬菜一起炖煮处理后再使用，可以去除异味。

1 将焯过水的牛肚（图**ⓐ**）沥干水分，撒盐和白胡椒粉，薄薄地拍上一层面粉（图**ⓑ**）。

2 平底锅中倒入橄榄油加热，牛肚的网眼面朝下放入锅中（图**ⓒ**）。

3 略上色后放入黄油和百里香煎烤（图**ⓓ**）。胀起的部分用刮刀按压，继续煎烤（图**ⓔ**），全部上色后翻面，煎烤另一面（图**ⓕ**）。盛出后放在厨房纸巾上沥油。

4 将牛肚盛盘，搭配黄油调味酱和柠檬。

牛肚预处理
材料（便于制作的量）

牛肚…2千克
┌ 洋葱（去皮）…4个
│ 蒜（带皮）…2头
A 胡萝卜（带皮）…2根
│ 西芹…1根
└ 盐…2大勺
水…7升

在圆筒形深底锅内加入材料A（蒜、胡萝卜、西芹切成两半）和水，将充分洗净的牛肚放入其中并加热。汤沸腾后转小火，炖煮约3小时。完成时提起牛肚，它会顺滑地垂下，柔软得几乎可以用手撕碎。

黄油调味酱
材料（便于制作的量）

黄油（软化）…250克
┌ 蒜…1瓣
│ 香葱碎…1/2棵的量
│ 意大利香芹叶…20克
B 细叶芹…1克
│ 龙蒿叶…1克
└ 莳萝叶…1克
┌ 咖喱粉…1小撮
C 绿茴香酒…1大勺
└ 盐…3/4小勺

将材料B（蒜切成两半）放入料理机中，搅碎后加入材料C和黄油，继续搅拌。盛出后放在保鲜膜上，包裹成粗条，放入冰箱冷却、凝固。

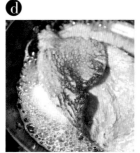

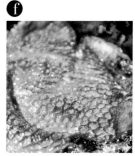

烟熏牛心

可以享受到如同贝类一样松脆、有弹性的口感。餐厅里通常都会将牛心切碎，混合在汉堡包食材当中，这里为了能充分品尝其口感，保持了块状，用烟熏制。切成厚片，仿佛就是红肉牛排。细细咀嚼，烟熏香气透过鼻尖，甜味一点点扩散开来。

材料（便于制作的量）

牛心*…1.4千克

盐…15克（牛心重量的1.1%）

黄油…15克

橄榄油…3大勺

粗盐（盖朗德盐）…适量

配菜

茴香沙拉（后述）…适量

* 使用和牛的牛心。若有明显的筋需要清理干净。这个部位铁含量多且含水量大，除了烤肉外不会经常使用，但保持一定厚度制成菜肴后十分美味。

* 准备30克烟熏木屑。

茴香沙拉（便于制作的量）

茴香茎…130克

A
- 柑橘皮细丝…1/4小勺
- 莳萝细条…2克
- 柠檬果汁…1小勺
- 柑曼怡力娇酒…1/4小勺
- 橄榄油…2大勺
- 盐…1/4小勺

将茴香茎去梗后切成细条，与材料A拌匀。

1 在牛心上抹盐，放入冰箱静置一天。

2 熏箱内装好烟熏木屑，放入牛心（图ⓐ），冒烟后熏制10分钟（图ⓑ），翻面（图ⓒ）后再熏制15分钟并取出。这时大概是七成熟。

3 平底锅中倒入橄榄油加热，放入牛心（图ⓓ）。煎烤至轻微上色后加入黄油，让黄油裹满整个牛心（图ⓔ），取出后用铝箔纸包裹，利用余温加热（图ⓕ）。

4 牛心切片后盛盘，在切面处撒粗盐，搭配茴香沙拉。

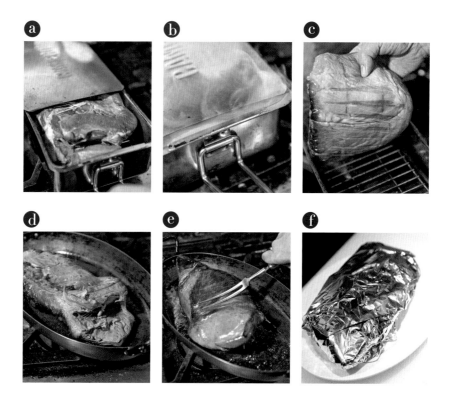

谨以此书献给共同生活、互相扶持、共享喜悦的所有人，还有不可取代的马蒂·格拉斯餐厅的全体成员。

和知 徹

图书在版编目（CIP）数据

牛肉料理宝典 /（日）和知彻著；李阳译. —北京：中国轻工业出版社，2024.9

ISBN 978-7-5184-2854-0

Ⅰ.① 牛… Ⅱ.① 和…② 李… Ⅲ.① 牛肉—菜谱

Ⅳ.① TS972.125.1

中国版本图书馆CIP数据核字（2019）第289982号

责任编辑：胡　佳　　责任终审：张乃束　　整体设计：锋尚设计
责任校对：朱燕春　　责任监印：张京华

出版发行：中国轻工业出版社（北京鲁谷东街5号，邮编：100040）

印　　刷：北京博海升彩色印刷有限公司

经　　销：各地新华书店

版　　次：2024年9月第1版第4次印刷

开　　本：787×1092　1/16　印张：11

字　　数：200千字

书　　号：ISBN 978-7-5184-2854-0　定价：78.00元

邮购电话：010-85119873

发行电话：010-85119832　010-85119912

网　　址：http://www.chlip.com.cn

Email：club@chlip.com.cn

版权所有　侵权必究

如发现图书残缺请与我社邮购联系调换

241581S1C104ZYW